JN108270

Python

Python Tricks The Book: A Buffet of Awesome Python Features

トリック

真に効果的なPython
プログラミング手法

Dan Bader 著 **株式会社クイープ** 監訳

SHOEISHA

本書内容に関するお問い合わせについて

このたびは翔泳社の書籍をお買い上げいただき、誠にありがとうございます。弊社では、読者の皆様からのお問い合わせに適切に対応させていただくため、以下のガイドラインへのご協力をお願い致しております。下記項目をお読みいただき、手順に従ってお問い合わせください。

●ご質問される前に

弊社 Web サイトの「正誤表」をご参照ください。これまでに判明した正誤や追加情報を掲載しています。

> 正誤表　　　https://www.shoeisha.co.jp/book/errata/

●ご質問方法

弊社 Web サイトの「刊行物 Q & A」をご利用ください。

> 刊行物 Q & A　　https://www.shoeisha.co.jp/book/qa/

インターネットをご利用でない場合は、FAX または郵便にて、下記"翔泳社 愛読者サービスセンター"までお問い合わせください。

電話でのご質問は、お受けしておりません。

●回答について

回答は、ご質問いただいた手段によってご返事申し上げます。ご質問の内容によっては、回答に数日ないしはそれ以上の期間を要する場合があります。

●ご質問に際してのご注意

本書の対象を越えるもの、記述個所を特定されないもの、また読者固有の環境に起因するご質問等にはお答えできませんので、あらかじめご了承ください。

●郵便物送付先および FAX 番号

送付先住所 〒 160-0006 東京都新宿区舟町 5
FAX 番号 03-5362-3818
宛先 　（株）翔泳社 愛読者サービスセンター

※本書に記載された URL 等は予告なく変更される場合があります。
※本書の出版にあたっては正確な記述につとめましたが、著者や出版社などのいずれも、本書の内容に対してなんらかの保証をするものではなく、内容やサンプルに基づくいかなる運用結果に関してもいっさいの責任を負いません。
※本書に掲載されているサンプルプログラムやスクリプト、および実行結果を記した画面イメージなどは、特定の設定に基づいた環境にて再現される一例です。
※本書に記載されている会社名、製品名はそれぞれ各社の商標および登録商標です。
※本書では TM、Ⓡ、ⓒは割愛させていただいております。

Copyright ⓒ2016 – 2018 by Dan Bader
Japanese translation rights arranged with Dan Bader through Japan UNI Agency, Inc.
Japanese language edition copyright ⓒ2020 by SHOEISHA COMPANY LTD. All rights reserved.

目　次

本書に寄せて

　私が Python をプログラミング言語として初めて知ったときから 10 年近くが経とうとしています。何年も前に Python を初めて学んだときは少し気が進みませんでした。それまでさまざまな言語でプログラミングしてきて、突然別のチームに配属され、そこでは全員が Python を使用していました。それが Python の旅の始まりでした。

　最初に Python を紹介されたときには、簡単だからすぐに覚えられるはずだ、と言われました。Python を学ぶためのリソースを同僚に聞いてみましたが、Python の公式ドキュメントのリンクを教えてくれただけでした。最初はドキュメントを読んでもチンプンカンプンで、検索に慣れるのにも一苦労でした。答えを Stack Overflow で探さなければならないこともよくありました。

　別のプログラミング言語から移行してきた私にとって、プログラミングのやり方や、クラスやオブジェクトがどういうものかについて説明する資料なら何でもよい、というわけではありませんでした。私が探していたのは、Python の機能や特徴について、そして Python でのコードの書き方が他の言語とどのように違うのかを教えてくれるものでした。

　この言語を十分に理解するのにそれこそ何年もかかりました。本書を読んで、何年も前に Python を学び始めたときにこういう本があればよかったのに、と何度も思いました。

　たとえば、Python にはユニークな機能がいくつもありますが、最初に私が驚いたものの 1 つにリスト内包があります。本書に書かれているように、別の言語から Python に乗り換えたばかりの人かどうかは、for ループの使い方を見ればわかります。Python でプログラミングを始めたばかりの頃のコードレビューに、「なぜここでリスト内包を使用しないのか」というコメントがあったことを思い出します。本書の第 6 章では、このことがわかりやすく説明されており、パイソニックなループのやり方を示すことを皮切りに、イテレータとジェネレータまで構築しています。

　第 2 章の 2.5 節では、Python で文字列をフォーマットするさまざまな方法が説明されています。文字列フォーマットは Zen of Python に逆らうものの 1 つです。Zen of Python では、何かを行うための明白な方法が 1 つだけ存在します。同節では、Python に新しく追加され、私が気に入っている f 文字列を含め、さまざまな方法が示されています。また、それぞれの方法の長所と短所も説明されています。

　パイソニックな生産性向上テクニックに関する第 8 章もすばらしい情報源の 1 つです。Python プログラミング言語の枠にとどまらず、プログラムをデバッグする方法や依存関係を管理する方法に関するヒントも提供されており、Python のバイトコードの裏側まで覗いています。

　友人である Dan Bader による本書を紹介できることを心から光栄に思っています。

　CPython のコア開発者として Python に携わることで、大勢のコミュニティメンバーと

のつながりができました。その過程でよき師に出会うこともあれば同じ志を持つ人に出会うこともあり、新しい友人もたくさんできました。Python は単なるコードではなく、コミュニティでもあるのだと気づかされました。

　Python プログラミングをマスターすることは、この言語の理論的な側面を理解することだけではありません。Python のコミュニティによって使用されている規約やベストプラクティスを理解し、取り入れることでもあるのです。

　本書は、この旅の途中であなたを助けてくれるでしょう。本書を読み終えて Python プログラムを書く頃には、今以上に自信を深めているはずです。

— Mariatta Wijaya、Python コア開発者（mariatta.ca）

## CHAPTER 1

はじめに

1.1　Python トリックとは何か

Python トリック
学習ツールとして意図された短い Python コード。簡単なイラストを使って Python の機能を教えることもあれば、さらに詳しく調べて直観的な理解を深めるための動機となる例を提供することもある。

Python トリックは、筆者が Twitter 上でいくつかのコードのスクリーンショットを 1 週間共有したことがきっかけで始まりました。驚いたことに大きな反響があり、連日のように共有され、リツイートされました。

開発者から「このシリーズを全部見るにはどうすればよいか」という問い合わせがどんどん届くようになりました。実を言うと、用意していたトリックはほんの少しだけで、それらは Python 関連のさまざまなトピックに関するものでした。マスタープランがあったわけではなく、Twitter でのおもしろ実験にすぎなかったのです。

しかし、これらの問い合わせから、このような要点を押さえた短いサンプルコードに学習ツールとして試してみる価値がありそうだと感じました。結局、Python トリックをさらにいくつか作成することにし、メールシリーズとして共有してみました。数日のうちに数百人もの Python 開発者が登録したのを見て、筆者はとにかく驚きました。

その後しばらくは、Python 開発者から絶え間なくメッセージが届きました。それらはなかなか理解できずに苦労していた部分がやっとわかったという感謝のメッセージでした。このような反応をもらってうれしくないわけがありません。コードのスクリーンショットにすぎないと考えていた Python トリックに、これほど多くの開発者が価値を見出していたのです。

そこで筆者は賭けに出て、この Python トリック実験を 30 通ほどのメールシリーズに拡大することにしました。それぞれのメールはやはりタイトルとコードのスクリーンショットだけで構成されており、すぐにこのフォーマットにはいくつかの制限があることがわかりました。目の不自由な Python 開発者からのメールで、これらの Python トリックが画

像として配信されたためにスクリーンリーダーで読めないことがわかってがっかりしたの
は、ちょうどその頃でした。

このプロジェクトにさらに時間を注ぎ込み、より幅広い層にとって魅力的で利用しやす
いものにする必要があることは明らかでした。そこで、Python トリックのメールシリー
ズ全体をテキストで作り直し、HTML ベースのシンタックスハイライトを使ってみまし
た。この新しいバージョンの Python トリックは、しばらくの間は順調でした。筆者が受
け取った反応によると、サンプルコードのコピー&ペーストがついに可能になったため、
開発者はいろいろ試せるようになったことを喜んでいるようでした。

そして、メールシリーズの登録者がますます増えていくうちに、開発者からの反応や質
問にパターンがあることに気づくようになりました。トリックの中には、それ自体が動機
付けの例として役立つものもありました。しかし、より複雑なトリックに関しては、登録
者を導く語り手もいなければ、理解を深めるための参考資料も示されていませんでした。

これも大きく改善すべき部分の 1 つだったとだけ言っておきましょう。筆者は **dbader.org**
の基本方針を**もっとすごい Python 開発者になるための手助けをすること**と定めています。
そして、このことがその目標に近づくチャンスであることは明らかでした。

そこで、筆者はメールシリーズの中から選りすぐった Python トリックを中心に、新し
い種類の Python 本の執筆に取りかかりました。

- 短く消化しやすい例を使って Python の最もすばらしい点を教える。
- まるで Python のすばらしい機能がずらりと並んだビュッフェのように、モチベー
  ションを高く保つ。
- 読者の手を引いて道案内をし、Python への理解を深める手助けをする。

本書は、筆者が報酬のためではなく好きで書いている本であり、とてつもない経験でも
あります。本書を楽しく読みながら、Python について何かを学んでくれることを願って
います。

— Dan Bader

1.2　本書はどのように役立つか

本書の目標は、読者をよりよい Python 開発者にすることです。つまり、より効率的で、
より豊富な知識を持ち、より実践能力の高い Python 開発者を目指すことになります。そ
こで、**本書を読むことがそのすべてを達成するのにどのように役立つのか**が知りたいかも
しれません。

本書は Python のステップ形式のチュートリアルではありません。初心者向けの Python

講座でもありません。Python を習い始めたばかりの人が、本書を読むだけでプロの Python
開発者になれるわけではありません。本書を読めばためになることはたしかですが、Python
の基本的なスキルを身につけるには、必ず他の資料にもあたってみる必要があります。

　本書を最もうまく活用できるのは、Python に関してある程度の知識がすでにあり、次
の段階に進みたいと考えている場合でしょう。少し前から Python でコードを書いていて、
さらに一歩踏み込み、既存の知識を肉付けし、コードをよりパイソニック[1]にする準備が
できている場合、本書は大いに役立つでしょう。

　他のプログラミング言語の経験がすでにあり、Python をすばやく習得しようとしてい
る場合にも、本書はうってつけです。本書を読めば、より有能な Python 開発者になるた
めの実用的なヒントやデザインパターンが山ほど見つかります。

1.3　本書の読み方

　本書を読み進めるとしたら、Python のすばらしい機能がずらりと並んだビュッフェの
ように扱うのが最も効果的です。本書に収録されている Python トリックはどれも自己完
結型であるため、最もおもしろそうなものから読んでいってもまったく問題ありません。
むしろそうすることをお勧めします。

　もちろん、本書に掲載されている順にすべての Python トリックを読み進めてもよいで
しょう。このようにすると、トリックを見逃すことがありませんし、最後まで読めばすべ
てのトリックに目を通したことになります。

　すぐに理解できるようなトリックもあり、その節を読むだけで、日々の作業に難なく取
り入れることができます。それ以外のトリックは、理解するのに少し時間がかかるかもし
れません。

　特定のトリックが自分のプログラムでうまくいかない場合は、Python インタープリタ
セッションでサンプルコードをそれぞれ試してみると参考になるでしょう[2]。

　それでもピンとこない場合は、遠慮なく筆者に問い合わせてください。そうすれば、読
者を助けることができると同時に、本書の説明を改善することができます。長い目で見れ
ば、それはあなただけでなく、本書を読んでいる Python 開発者全員の利益となります。

---

[1]　**【訳注】**：パイソニック（Pythonic）は、Python ならではのシンプルで読みやすいコードの書き
方を意味する。https://docs.python.org/3/glossary.html#term-pythonic
[2]　**【訳注】**：翻訳時の検証には、Python 3.8.2/3.8.1/3.8.0/3.7.4/3.7.3 を使用した。

よりクリーンな Python のためのパターン

アサーションによる安全対策

本当に役立つ言語の機能が案外に注目されないことがあります。どういうわけか、これに該当するのが Python の組み込みの assert 文です。

ここでは、Python でのアサーションの使い方をざっと紹介します。アサーションを使って Python プログラムでエラーを自動的に検出する方法がわかるでしょう。このようにすると、プログラムの信頼性が高まり、デバッグも容易になります。

この時点で、「アサーションとは何だろう、何の役に立つのだろう」と考えているかもしれません。その答えを教えましょう。

Python の assert 文は、基本的には、条件をテストするデバッグ支援ツールです。アサーションの条件が True の場合は何も起きず、プログラムは何事もなく動作し続けます。しかし、アサーションの条件が False と評価された場合は AssertionError 例外が送出され、必要に応じてエラーメッセージが生成されます。

● Python のアサーション：例

アサーションがどのような状況で役立つのかがわかるよう、簡単な例を見てみましょう。次の例は、各自のプログラムで実際に遭遇するかもしれない現実的な問題に似たものにしてあります。

Python でオンラインストアを構築しているとしましょう。あなたはこのシステムに割引クーポン機能を追加しようとしており、最終的に次の apply_discount 関数を記述します。

```
def apply_discount(product, discount):
    price = int(product['price'] * (1.0 - discount))
    assert 0 <= price <= product['price']
    return price
```

assert 文が含まれているのがわかるでしょうか。この文により、たとえ何があろうと、この関数によって計算される割引価格が 0 ドルを下回らないことと、商品の元の値段を上

回らないことが保証されます。

　この関数を呼び出して有効な割引を適用した場合に、この機能が実際にうまくいくことを確認してみましょう。この例では、オンラインストアの商品を単純なディクショナリとして表すことにします。実際のアプリケーションではおそらくそのようにはしませんが、アサーションのデモならこれで問題ないでしょう。ここでは商品の例として、149.00 ドルの靴を作成します。

```
>>> shoes = {'name': 'Fancy Shoes', 'price': 14900}
```

　ところで、整数を使って金額をセントで表すことで、通貨の端数処理問題を回避していることに気づいたでしょうか。一般的にはよい考えですが、本題からそれてしまうので詳しい説明は省略します。この靴に 25%の割引を適用した場合は、111.75 ドルの特別価格になるはずです。

```
>>> apply_discount(shoes, 0.25)
11175
```

　うまくいったようです。今度は、無効な割引を適用してみましょう。たとえば、200%の「割引」を適用すると、顧客にお金をあげることになってしまいます。

```
>>> apply_discount(shoes, 2.0)
Traceback (most recent call last):
  File "<stdin>", line 1, in <module>
  File "<stdin>", line 3, in apply discount
    assert 0 <= price <= product['price']
AssertionError
```

　このように、無効な割引を適用しようとすると、プログラムが AssertionError で停止します。こうなるのは、200%の割引が apply_discount 関数に配置したアサーションの条件に違反するためです。

　また、失敗したアサーションを含んでいるコード行が例外のスタックトレースによって正確に特定されることもわかります。あなたや同じチームの別の開発者がオンラインストアのテスト中にこのようなエラーの 1 つに遭遇した場合は、例外のトレースバックを調べるだけで、何が起きたのかをすぐに把握することができます。

　このようにすると、デバッグ作業がかなり効率化され、長期的に見て、プログラムがよりメンテナンスしやすくなります。そしてそれこそが、アサーションの威力なのです。

● なぜ通常の例外ではだめなのか

おそらく先の例を見て、単に if 文と例外を使用しなかったのはなぜだろうと思っていることでしょう。

アサーションの正しい使い方は、プログラム内の**回復不可能な**エラーについての情報を開発者に知らせることです。File-Not-Found エラーのように、想定内のエラー状態を知らせることはアサーションの目的ではありません。そうした想定内のエラー状態では、ユーザーが修正措置を施すか、単にリトライすればよいわけです。

アサーションはプログラムの**内部セルフチェック**と位置付けられており、コード内で何らかの状態を**あり得ない**ものとして宣言します。こうした状態が 1 つでも発生すれば、プログラムにバグがあることになります。

プログラムにバグがなければ、こうした状態になることは決してありません。しかし、そうした状態が実際に発生した場合、プログラムはアサーションエラーでクラッシュし、どの「あり得ない」状態が発生したのかを正確に知らせます。これにより、プログラムのバグを追跡して修正するのがはるかに容易になります。そして、筆者の作業を楽にしてくれるものは何だって歓迎します。あなただってそうでしょう?

さしあたり、次のように覚えておいてください。Python の assert 文はデバッグ支援ツールであり、ランタイムエラーに対処するためのメカニズムではありません。アサーションを使用する目的は、バグの根本原因と推定されるものを開発者がすばやく見つけ出せるようにすることです。プログラムにバグがなければ、アサーションエラーが発生することはないはずです。

アサーションを使って他に何ができるか詳しく見ていきましょう。ここでは、現実的なシナリオでアサーションを使用するときによくある落とし穴を 2 つ紹介します。

● Python のアサーション構文

言語の機能を使い始める前に、その機能が Python でどのように実装されているのかを詳しく調べてみるのは常によい考えです。そこで、Python ドキュメントに照らして assert 文の構文をざっと見ておきましょう[1]。

```
assert_stmt ::= "assert" expression1 ["," expression2]
```

この場合、expression1 はテストする条件です。オプションの expression2 はアサーションが失敗した場合に表示されるエラーメッセージです。各 assert 文は、実行時に Python インタープリタによって次のような一連の文に変換されます。

---

[1]　Python 公式ドキュメントの「The Assert Statement」を参照。
https://docs.python.org/3/reference/simple_stmts.html#the-assert-statement

```
if __debug__:
    if not expression1:
        raise AssertionError(expression2)
```

このコードには興味深い点が 2 つあります。

1 つは、アサーションの条件をチェックする前に、__debug__ グローバル変数もチェックすることです。この変数は組み込みの Boolean フラグであり、通常の状況では True、最適化が要求される場合は False になります。この点については、「注意点 1：データの検証にアサーションを使用しない」でもう少し説明します。

また、expression2 を使ってオプションのエラーメッセージを渡すこともできます。このエラーメッセージはトレースバックにおいて AssertionError とともに表示されます。このようにすると、デバッグがさらに単純になることがあります。たとえば、筆者は次のようなコードを見たことがあります。

```
>>> if cond == 'x':
...     do_x()
... elif cond == 'y':
...     do_y()
... else:
...     assert False, (
...         'This should never happen, but it does occasionally. '
...         'We are currently trying to figure out why. '
...         'Email dbader if you encounter this in the wild. Thanks!')
```

みっともないコードかと言われれば、そのとおりでしょう。しかし、アプリケーションの 1 つでハイゼンバグ[2] に直面しているとしたら、これが有効かつ有益な手法であることは間違いありません。

● Python でアサーションを使用するときによくある落とし穴

先へ進む前に、Python でのアサーションの使用に関して注意しておきたい重要な点が 2 つあります。

1 つ目は、アプリケーションにセキュリティリスクやバグをもたらすことに関連しており、2 つ目は、**無意味な**アサーションを書いてしまいやすい構文の癖についてです。

かなりぞっとする話なので（そしておそらく実際にそうであるため）、次の 2 つの注意点に少なくともざっと目を通しておいてください。

---

[2]　https://en.wikipedia.org/wiki/Heisenbug
【訳注】：調査しようとすると消えたり、振る舞いを変化させたりするバグ。ハイゼンベルグの不確定性原理をもじったもの。

● 注意点 1：データの検証にアサーションを使用しない

Python でのアサーションの使用に関する最大の注意点は、アサーションをグローバルに無効化できることです。アサーションを無効にするには、コマンドラインスイッチ-O および-OO を使用するか、CPython の環境変数 PYTHONOPTIMIZE を使用します[3]。

そうすると、すべての assert 文が null 操作になります。つまり、アサーションはコンパイル時に取り除かれ、評価されなくなります。このため、条件式は 1 つも実行されなくなります。

これは他の多くのプログラミング言語でも採用されている設計上の決定です。このため、入力データを手っ取り早く検証する手段として assert 文を使用するのはきわめて危険な行為となります。

どういうことか説明しましょう。関数の引数に「間違った値」や想定外の値が含まれているかどうかをチェックするためにプログラムで assert 文を使用するとしましょう。それはすぐさま逆効果となり、バグやセキュリティホールの原因になることがあります。

この問題を具体的に示す簡単な例を見てみましょう。この場合も Python でオンラインストアを構築しているものとします。このアプリケーションのどこかに、ユーザーのリクエストに応じて商品を削除するための関数が含まれています。

アサーションを覚えたばかりのあなたは、それらをコードで使ってみたくてたまりません（同じ立場なら、筆者だってそうでしょう）。そこで、この関数を次のように実装します。

```python
def delete_product(prod_id, user):
    assert user.is_admin(), 'Must be admin'
    assert store.has_product(prod_id), 'Unknown product'
    store.get_product(prod_id).delete()
```

この delete_product 関数を詳しく見てみましょう。アサーションが無効化された場合はどうなるでしょうか。

この 3 行の関数には深刻な問題が 2 つあります。これらの問題の原因は、assert 文の誤った使い方にあります。

1　**assert 文で管理者特権をチェックするのは危険な行為である**

アサーションが Python インタープリタで無効化されている場合、これは null 操作になります。このため、**誰でも商品を削除できる**状態になります。特権のチェックは実行すらされません。これはセキュリティ問題の原因になる可能性があり、オンラインストアのデータを破壊したり、深刻なダメージを与えたりする機会を

[3]　Python 公式ドキュメントの「Built-in Constants」の「__debug__」を参照。
https://docs.python.org/3/library/constants.html#__debug__

攻撃者に与えることになります。

2 **アサーションが無効化されていると has_product() チェックが省略される**

つまり、get_product 関数を無効な商品 ID で呼び出せるようになります。プログラムがどのように書かれているかによっては、さらに深刻なバグにつながるかもしれません。最悪の場合は、このオンラインストアに DoS（Denial of Service）攻撃を仕掛ける手段になったとしてもおかしくありません。たとえば、誰かが不明な商品を削除しようとするとストアアプリがクラッシュするとしたら、攻撃者が無効な削除リクエストを使ってストアアプリを攻撃し、機能停止に陥れるおそれがあります。

このような問題を回避するにはどうすればよいのでしょう。その答えは、データの検証にアサーションを**決して使用しない**ことです。代わりに、通常の if 文で検証を行い、必要に応じて検証例外を送出するとよいでしょう。

```
def delete_product(product_id, user):
    if not user.is_admin():
        raise AuthError('Must be admin to delete')
    if not store.has_product(product_id):
        raise ValueError('Unknown product id')
    store.get_product(product_id).delete()
```

このように書き換えることには、あいまいな AssertionError 例外が発生する代わりに、ValueError や AuthError といった意味的に正しい例外が発生するようになる、というメリットもあります（これらの例外は明示的に定義する必要があります）。

● 注意点 2：決して失敗しないアサーション

常に True と評価される asset 文をうっかり書いてしまうのは意外によくあることです。筆者も過去に痛い目を見ました。かいつまんで言うと、これは次のような問題です。

assert 文の第 1 引数としてタプルを渡すと、アサーションは常に True と評価されるため、決して失敗しません。

たとえば次のアサーションは決して失敗しません。

```
assert(1 == 2, 'This should fail')
```

この問題は、空ではないタプルが Python では常に真と評価されることと関係しています。タプルを asset 文に渡すと、アサーションの条件は常に True になります。上記の asset 文は、失敗して例外を発生させることが決してないため、**無意味**になってしまいます。

この非直観的な振る舞いのせいで、不適切な asset 文を複数行にわたって書いてしま

う、ということが比較的容易に起こります。たとえば筆者は、テストスイートの1つで偽りの安心感をもたらす無意味なテストケースを嬉々として量産したことがあります。次のアサーションが筆者のユニットテストの1つに含まれていたと想像してください。

```
assert (
    counter == 10,
    'It should have counted all the items'
)
```

　一見すると、このテストケースはまったく問題なさそうですが、不正な結果を決してキャッチしません。counter 変数の状態に関係なく、このアサーションは常に True と評価されます。なぜそうなるのでしょうか。タプルオブジェクトの真偽値をアサートするからです。

　先に述べたように、これで墓穴を掘るのは意外によくあることです（筆者はそのときのことをまだ引きずっているほどです）。この構文上の癖がトラブルに発展するのを防ぐために、コードリンター[4]を使用するとよいでしょう。なお、Python 3 の最近のバージョンでは、こうしたあやしいアサーションに対して SyntaxWarning が生成されます。

　なお、こうした理由もあるので、ユニットテストケースでは常に簡単なスモークテスト[5]を行ってください。テストが実際に失敗するのを確認してから、次のテストを記述するようにしてください。

● Python のアサーション：まとめ

　これらの注意点があるにせよ、Python のアサーションは強力なデバッグツールですが、開発者によって十分に活用されないことが多いようです。

　アサーションの仕組みと、それらをどのような状況で適用すればよいかを理解すれば、メンテナンスやデバッグや容易な Python プログラムを記述するのに役立つはずです。

　このすばらしいスキルを身につければ、Python の知識をレベルアップし、オールラウンドの Python 使いになるのに役立つでしょう。おかげで筆者は何時間も続くデバッグから解放されました。

● ここがポイント

- Python の assert 文はプログラムの内部セルフチェックとして条件をテストするデバッグ支援ツールである。

---

[4]　筆者は Python のテストで不適切なアサーションを回避する記事を書いている。
https://dbader.org/Blog/catching-bogus-python-asserts
[5]　**[訳注]**：スモークテストは記述したコードを実行可能な状態にし、正常に動作するかどうかをざっと確認することを意味する。

- アサーションは開発者によるバグの特定を助けるために使用すべきものであり、ランタイムエラーに対処するためのメカニズムではない。
- アサーションはインタープリタの設定を使ってグローバルに無効化できる。

2.2　無頓着なコンマの配置

　Python には、リスト／ディクショナリ／セット定数での要素の追加や削除に役立つちょっとしたコツがあります。それは、すべての行の最後にコンマ（,）を配置することです。

　簡単な例を使って、どういうことか説明しましょう。コードに次のような名前のリストが含まれているとします。

```
>>> names = ['Alice', 'Bob', 'Dilbert']
```

　この名前からなるリストに変更を加えるたびに、たとえば git diff コマンドで調べても、何が変更されたのかは簡単にはわからないでしょう。ほとんどのソース管理システムは行ベースであり、1 つの行に対する複数の変更を特定するのはそう簡単ではありません。

　手っ取り早い解決策は、次に示すように、リスト／ディクショナリ／セット定数を複数行に展開するコードスタイルを取り入れることです。

```
>>> names = [
...     'Alice',
...     'Bob',
...     'Dilbert'
... ]
```

　このようにすると、アイテムが 1 行に 1 つずつ配置されるため、ソース管理システムで diff をとったときにどの行が追加、削除、変更されたのかがはっきりとわかるようになります。ほんの小さな変更ですが、個人的には、つまらないミスを防ぐのに役立つことがわかりました。チームメイトにとっても、筆者が変更した部分のコードをレビューしやすくなりました。

　しかし、まだ混乱を招くかもしれない編集状況が 2 つあります。リストの最後に新しい要素を追加するときと、最後の要素を削除するときです。その際には、フォーマットの一貫性を保つために、常にコンマの配置を手作業で更新しなければなりません。

　このリストに新しい名前（Jane）を追加したいとしましょう。Jane を追加する場合は、たちの悪いエラーを防ぐために、Dilbert の行の最後にコンマを追加する必要があります。

```
>>> names = [
...     'Alice',
...     'Bob',
...     'Dilbert'     # <- コンマがない
...     'Jane'
... ]
```

このリストの内容を調べてみると、あっと驚くことになります。

```
>>> names
['Alice', 'Bob', 'DilbertJane']
```

Dilbert と Jane の 2 つの文字列が DilbertJane のようにくっついてしまいました。このいわゆる「文字列リテラルの連結」は意図された振る舞いであり、ドキュメントにも記載されています。そして、そう簡単には見つからないバグをプログラムに埋め込むことで、墓穴を掘るのにうってつけの方法でもあります。

> 複数の（空白で区切られた）文字列リテラルやバイトリテラルは、異なる引用符を使っていたとしても、隣接させることが可能であり、それらのリテラルを連結することと同じ意味を持つ。[6]

とはいえ、文字列リテラルの連結機能が役立つケースがあります。たとえば、複数行にまたがる長い文字列定数を分割するにはバックスラッシュ（¥記号）が必要ですが、この機能を利用すれば、このバックスラッシュの個数を減らすことができます。

```
my_str = ('This is a super long string constant '
          'spread out across multiple lines. '
          'And look, no backslash characters needed!')
```

　一方で、先ほど示したように、同じ機能が一転して不利に働くこともあります。では、この状況を打開するにはどうすればよいでしょうか。

　Dilbert の後に足りないコンマを追加すれば、2 つの文字列が 1 つに結合されることはなくなります。

---

[6]　Python 公式ドキュメントの「String literal concatenation」を参照。
https://docs.python.org/3/reference/lexical_analysis.html#string-literal-concat
enation

```
>>> names = [
...     'Alice',
...     'Bob',
...     'Dilbert',
...     'Jane'
... ]
```

ですが、そうすると一周して振り出しに戻ってしまいます。リストに新しい名前を追加するには、2 つの行を書き換えなければなりません。またしても diff をとっても何が変更されたのかがわからなくなります。誰かが新しい名前を追加したのでしょうか。それとも Dilbert の名前が変更されたのでしょうか。

ありがたいことに、Python の構文には、このコンマの配置問題を一挙に解決する余地があります。最初からこの問題を避けるようなコードスタイルを身につければよいのです。この方法を見てみましょう。

Python では、リスト／ディクショナリ／セット定数内のすべての要素（最後の要素を含む）の後にコンマを配置できます。このようにすると、常に行の最後にコンマを配置することを覚えておくだけでよくなり、コンマの配置を調整する必要がなくなります。

最終的な例は次のようになります。

```
>>> names = [
...     'Alice',
...     'Bob',
...     'Dilbert',
... ]
```

Dilbert の後にコンマがあるのに気づいたでしょうか。このようにすると、コンマの配置を改めなくても、新しい要素の追加や削除を簡単に行えるようになります。各行の一貫性が保たれ、ソース管理システムの diff が明瞭になり、コードのレビュー担当者も喜びます。「神は細部に宿る」ならぬ「マジックは細部に宿る」とでも言っておきましょう。

● ここがポイント

- フォーマットとコンマの配置を工夫すれば、リスト／ディクショナリ／セット定数のメンテナンスが容易になる。
- Python の文字列リテラル連結機能は、有利に働くこともあれば、そう簡単には見つからないバグの原因になることもある。

2.3　コンテキストマネージャーと with 文

　Python の with 文は、よくわからない機能と見なされることがあります。ですが、内部を覗いてみると、何の仕掛けもないことがわかります。実際には、with 文は非常に便利な機能であり、よりきれいで読みやすい Python コードを記述するのに役立ちます。

　では、with 文は何に役立つのでしょうか。with 文は一般的なリソース管理パターンを単純化するのに役立ちます。要するに、それらの機能を抽象化し、リファクタリングと再利用を可能にします。

　この機能が実際にうまく利用されている場面を確認したい場合は、Python の標準ライブラリの例を見てみるのが一番です。Python の組み込み関数 open は、すばらしいユースケースを提供してくれます。

```
with open('hello.txt', 'w') as f:
    f.write('hello, world!')
```

　with 文を使ってファイルを開くことは一般に推奨されています。というのも、プログラムの実行制御が with 文のコンテキストから離れたら、オープンファイルディスクリプタが自動的に閉じられるようにするからです。上記のサンプルコードは内部で次のようなコードに変換されます。

```
f = open('hello.txt', 'w')
try:
    f.write('hello, world')
finally:
    f.close()
```

　このコードのほうが見るからにずっと冗長です。try...finally 文が重要な意味を持つことに注意してください。単に次のように書いたのでは不十分です。

```
f = open('hello.txt', 'w')
f.write('hello, world')
f.close()
```

　f.write() 呼び出しの最中に例外が発生した場合、この実装ではファイルが閉じられるという保証はありません。このため、プログラムがファイルディスクリプタをリークしてしまうことがあります。そこで役立つのが with 文です。この文を利用すれば、リソースの適切な確保と解放をとても簡単に行うことができます。

　Python の標準ライブラリで with 文がうまく利用されているもう 1 つのよい例は、threading.Lock クラスです。

```
some_lock = threading.Lock()

# 有害
some_lock.acquire()
try:
    # 何らかの処理
finally:
    some_lock.release()

# こちらのほうが望ましい
with some_lock:
    # 何らかの処理
```

どちらの場合も、with 文を使用すれば、リソース処理ロジックの大部分を抜き出してしまうことができます。try...finally 文をいちいち書かなくても、with 文を使用すれば、同じ処理を自動的に行うことができます。

with 文を使用すると、システムリソースを扱うコードが読みやすくなることがあります。また、不要になったリソースのクリーンアップや解放を忘れることが事実上不可能になるため、バグやリークを回避するのにも役立ちます。

● カスタムオブジェクトでの with のサポート

open 関数や threading.Lock クラス、そしてそれらを with 文で使用できることは、特別なことでも魔法でもありません。**コンテキストマネージャー**（context manager）[7] と呼ばれるものを実装すれば、独自に定義したクラスや関数で同じ機能を提供できます。

コンテキストマネージャーとは何でしょうか。コンテキストマネージャーは、オブジェクトが with 文をサポートするために従わなければならない単純な「プロトコル」（インターフェイス）です。基本的には、コンテキストマネージャーとして動作させたいオブジェクトに__enter__メソッドと__exit__メソッドを追加するだけです。これら 2 つのメソッドは、リソース管理サイクルの適切なタイミングで自動的に呼び出されます。

実際にどうなるか見てみましょう。次に示すのは、open コンテキストマネージャーの単純な実装です。

```
class ManagedFile:
    def __init__(self, name):
        self.name = name

    def __enter__(self):
        self.file = open(self.name, 'w')
```

[7] Python 公式ドキュメントの「With Statement Context Managers」を参照。
https://docs.python.org/3/reference/datamodel.html#context-managers

```
        return self.file

    def __exit__(self, exc_type, exc_val, exc_tb):
        if self.file:
            self.file.close()
```

この ManagedFile クラスは、コンテキストマネージャーのプロトコルに従い、先の open
関数の例と同じように with 文をサポートするようになります。

```
>>> with ManagedFile('hello.txt') as f:
...     f.write('hello, world!')
...     f.write('bye now')
```

Python は、実行制御が with 文のコンテキストに進み、リソースを取得するタイミ
ングで __enter__ を呼び出します。そして、実行制御がこのコンテキストから離れるとき
に __exit__ を呼び出し、リソースを解放します。

こうしたクラスベースのコンテキストマネージャーの作成は、Python で with 文を
サポートする唯一の方法ではありません。標準ライブラリのユーティリティモジュール
contextlib[8] は、基本的なコンテキストマネージャーのプロトコルの上にさらに抽象化の
層を追加します。これにより、contextlib がサポートしているものとユースケースが一
致する場合は、作業が少し楽になります。

たとえば、リソースのジェネレータベースの**ファクトリ関数** (factory function) を定義
するときに contextlib.contextmanager デコレータを使用すると、with 文が自動的に
サポートされます。この手法に基づいて ManagedFile コンテキストマネージャーを書き
換えると、次のようになります。

```
from contextlib import contextmanager

@contextmanager
def managed_file(name):
    try:
        f = open(name, 'w')
        yield f
    finally:
        f.close()
```

---

[8] Python 公式ドキュメントの「contextlib」を参照。
https://docs.python.org/3/library/contextlib.html

```
>>> with managed_file('hello.txt') as f:
...     f.write('hello, world!')
...     f.write('bye now')
```

　この場合、managed_file 関数はジェネレータであり、最初にリソースを確保します。その後、実行を一時的に中断し、確保したリソースを返して（yield）呼び出し元が使用できるようにします。呼び出し元が with コンテキストから離れたらジェネレータが実行を再開し、残りのクリーンアップ（終了処理）を実行し、リソースを解放してシステムに戻すことができます。

　クラスベースの実装とジェネレータベースの実装は実質的に同じです。どちらが読みやすいかに応じて、好きなほうを選択してください。

　@contextmanager ベースの実装の欠点は、デコレータやジェネレータといった Python の高度な概念をある程度理解している必要があることかもしれません。それらを今すぐ調べてみたい場合は、ここで本書の関連する章を先に読んでもかまいません。

　繰り返しになりますが、ここで適切な実装を選択することが、あなたとあなたのチームにとって使いやすく最も読みやすいコードにつながります。

● コンテキストマネージャーを使って使いやすい API を記述する

　コンテキストマネージャーは非常に柔軟です。with 文の使い方を工夫すれば、カスタムモジュールやカスタムクラスに対して使いやすい API を定義できます。

　たとえば、管理したい「リソース」がレポート生成プログラムのインデントレベルであるとしたらどうでしょうか。このリソースを管理するために次のようなコードを記述できるとしたらどうでしょう。

```
with Indenter() as indent:
    indent.print('hi!')
    with indent:
        indent.print('hello')
        with indent:
            indent.print('bonjour')
    indent.print('hey')
```

　これはテキストにインデントを付けるためのドメイン固有言語（DSL）と言ってもよいものです。また、このコードがインデントのレベルを変更するために同じコンテキストマネージャーへの出入りを繰り返していることに注目してください。このコードを実行すると次のような出力が生成され、きちんとフォーマットされたテキストがコンソールに出力されます。

```
hi!
    hello
        bonjour
hey
```

では、この機能をサポートするコンテキストマネージャーはどのように実装するので
しょうか。

ちなみに、これはコンテキストマネージャーの仕組みをきちんと理解するのにもってこ
いの実習です。このため、次の実装を調べる前に、少し時間をかけて自分でも練習問題と
して実装してみてください。

筆者の実装をチェックする準備ができたでしょうか。クラスベースのコンテキストマ
ネージャーを使って実装する方法は次のようになります。

```python
class Indenter:
    def __init__(self):
        self.level = 0

    def __enter__(self):
        self.level += 1
        return self

    def __exit__(self, exc_type, exc_val, exc_tb):
        self.level -= 1

    def print(self, text):
        print('    ' * self.level + text)
```

それほど悪くないのではないでしょうか。そろそろ、自分の Python プログラムでコン
テキストマネージャーと with 文を使いこなせるようになっているとよいのですが。コン
テキストマネージャーと with 文は、リソースの管理をパイソニックでメンテナンスしや
すい方法で行えるようにするすばらしい機能です。

別の練習問題があるともうちょっと理解が深まるのだが、という場合は、time.time 関
数を使ってコードブロックの実行時間を測定するコンテキストマネージャーを実装してみ
てください。デコレータベースとクラスベースのコンテキストマネージャーを両方とも作
成し、2 つの違いをしっかり理解してください。

● ここがポイント

- with 文は、try/finally 文の標準的な用途をいわゆるコンテキストマネージャー
  でカプセル化することで、例外処理を単純化する。
- with 文の最も一般的な用途は、リソースの安全な確保と解放を管理することで

ある。リソースは with 文によって確保され、実行制御が with コンテキストから離れたときに自動的に解放される。

- with 文をうまく利用すれば、リソースのリークを回避し、コードの読みやすさを向上させることができる。

2.4　アンダースコアとダンダー

Python の変数やメソッドの名前に使用される単一または二重のアンダースコアには意味があります。その意味には、慣例にすぎないものや、プログラマへのヒントという意図があるもの、さらには Python インタープリタによって強制されるものがあります。

「Python の変数やメソッドの名前に含まれている単一のアンダースコアや二重のアンダースコアにはどんな意味があるのだろう」と思っている読者のために、がんばって答えてみたいと思います。ここでは、次の 5 つのアンダースコアパターンと命名規則を紹介し、それらが Python プログラムの振る舞いにどのような影響をおよぼすのかについて説明します。

- 先頭の単一のアンダースコア：`_var`
- 末尾の単一のアンダースコア：`var_`
- 先頭の二重のアンダースコア：`__var`
- 先頭と末尾の二重のアンダースコア：`__var__`
- 単一のアンダースコア：`_`

● 先頭の単一のアンダースコア："_var"

変数とメソッドの名前に関しては、名前の先頭にある単一のアンダースコア（アンダースコアプレフィックス）は慣例にすぎません。これはプログラマへのヒントであり、Python コミュニティが合意している意味を持つはずですが、プログラムの振る舞いには何の影響も与えません。

アンダースコアプレフィックスには、単一のアンダースコアで始まる変数やメソッドは内部で使用するためのものであることを別のプログラマに知らせるための**ヒント**という意図があります。この慣例は、最もよく使用されている Python コードスタイルガイドである PEP 8[9] で定義されています。

---

[9]　「PEP 8 — the Style Guide for Python Code」を参照。
https://pep8.org/#descriptive-naming-styles

ただし、この慣例は Python インタープリタによって適用されるものではありません。Python には、Java のような「プライベート」変数と「パブリック」変数の明確な区別はありません。変数名の先頭にアンダースコアを 1 つ追加することは、「この変数は、このクラスのパブリックインターフェイスの一部として意図されているものではなく、放っておくに越したことはない」という警告標示を小さなアンダースコアで掲げているようなものです。

次の例を見てください。

```
class Test:
    def __init__(self):
        self.foo = 11
        self._bar = 23
```

このクラスをインスタンス化し、__init__ コンストラクタで定義されている foo 属性と _bar 属性にアクセスしようとした場合はどうなるでしょうか。

実際に試してみましょう。

```
>>> t = Test()
>>> t.foo
11
>>> t._bar
23
```

このように、_bar の先頭に付いている単一のアンダースコアは、クラスの中に「手を伸ばして」その変数の値にアクセスするのを阻止しませんでした。

というのも、単一のアンダースコアプレフィックスは、少なくとも変数名とメソッド名に関しては、Python において取り決められた慣例にすぎないからです。ただし、先頭のアンダースコアはそれらの名前がモジュールからインポートされる方法に影響をおよぼします。たとえば、my_module というモジュールに次のコードが含まれていたとしましょう。

```
# my_module.py:

def external_func():
    return 23

def _internal_func():
    return 42
```

ここで、**ワイルドカードインポート**を用いてこのモジュールからすべての名前をイン

ポートする場合、Python はアンダースコアで始まる名前をインポートしません[10]。

```
>>> from my_module import *
>>> external_func()
23
>>> _internal_func()
…略…
NameError: name '_internal_func' is not defined
```

　ちなみに、ワイルドカードインポートを使用すると、名前空間に存在するのがどの名前であるかがあいまいになってしまいます[11]。明確さを保つために通常のインポートを使用するほうが賢明です。ワイルドカードインポートとは異なり、通常のインポートは単一のアンダースコアで始まる命名規則の影響を受けません。

```
>>> import my_module
>>> my_module.external_func()
23
>>> my_module._internal_func()
42
```

　この段階では、まだ少し複雑かもしれません。PEP 8 のアドバイスに従ってワイルドカードインポートを使用しないようすれば、次の点を覚えておくだけでよくなります。
　単一のアンダースコアは、内部で使用するための名前であることを示す Python の命名規則です。一般に、Python インタープリタによって適用されるものではなく、あくまでもプログラマへのヒントと位置付けられています。

● 末尾の単一のアンダースコア："var_"

　変数に最もぴったりくる名前が Python 言語のキーワードとしてすでに使用されていることがあります。たとえば、Python では class や def を変数名として使用することはできません。このような場合は、単一のアンダースコアを末尾に追加することで、名前の衝突を避けることができます。

---

[10]　ただし、この振る舞いを上書きする__all__というリストがモジュールで定義されている場合を除く。Python 公式ドキュメントの「Importing * From a Package」を参照。
https://docs.python.org/3/tutorial/modules.html#importing-from-a-package
[11]　PEP 8 の「Imports」を参照。
https://pep8.org/#imports

```
>>> def make_object(name, class):
…略…
SyntaxError: invalid syntax

>>> def make_object(name, class_):
...     pass
```

　要するに、末尾に単一のアンダースコアを追加することは、その名前が Python のキーワードと衝突するのを避けるための慣例となっています（アンダースコアポストフィックス）。この慣例も PEP 8 で定義されています。

● 先頭の二重のアンダースコア："__var"

　ここまで取り上げてきた命名パターンは、そのように取り決められた慣例という意味を持つにすぎません。二重のアンダースコアで始まる Python のクラス属性（変数とメソッド）に関しては、状況が少し異なります。

　二重のアンダースコアプレフィックスを使用すると、Python インタープリタはサブクラスでの名前の衝突を避けるために属性の名前を書き換えます。

　これは**ネームマングリング**（name mangling）とも呼ばれるもので、クラスがあとから拡張されても名前の衝突が起きにくくするために、Python インタープリタが属性の名前を変更します。

　少し抽象的に聞こえるかもしれないので、実験用に簡単なサンプルを用意しました。

```
class Test:
    def __init__(self):
        self.foo = 11
        self._bar = 23
        self.__baz = 42
```

組み込み関数 dir を使ってこのオブジェクトの属性を調べてみましょう。

```
>>> t = Test()
>>> dir(t)
['_Test__baz', '__class__', '__delattr__', '__dict__', '__dir__', '__doc__',
 '__eq__', '__format__', '__ge__', '__getattribute__', '__gt__', '__hash__',
 '__init__', '__init_subclass__', '__le__', '__lt__', '__module__', '__ne__',
 '__new__', '__reduce__', '__reduce_ex__', '__repr__', '__setattr__',
 '__sizeof__', '__str__', '__subclasshook__', '__weakref__', '_bar', 'foo']
```

　そうすると、オブジェクトの属性からなるリストが出力されます。このリストを使って元の変数 foo、_bar、__baz を探してみてください。興味深い変化に気づくはずです。
　まず、self.foo 変数は属性リストに foo のまま含まれています。

　次に、self._bar 変数も同じように_bar として含まれています。すでに述べたように、このアンダースコアプレフィックスは単なる**慣例**（プログラマに対するヒント）です。

　しかし、self.__baz 変数に関しては、状況が少し違うようです。先のリストで__baz を探してみると、そのような名前の変数が存在しないことがわかります。

　では、__baz はどうなったのでしょうか。

　注意して見てみると、このオブジェクトに_Test__baz という属性があることがわかります。これが Python インタープリタによって適用される**ネームマングリング**であり、このようにして変数がサブクラスで上書きされないように保護します。

　Test クラスを拡張し、コンストラクタで追加された既存の属性を上書きしようとする別のクラスを作成してみましょう。

```
class ExtendedTest(Test):
    def __init__(self):
        super().__init__()
        self.foo = 'overridden'
        self._bar = 'overridden'
        self.__baz = 'overridden'
```

　さて、foo、_bar、__baz の値は、この ExtendedTest クラスのインスタンスでどうなると思いますか。さっそく調べてみましょう。

```
>>> t2 = ExtendedTest()
>>> t2.foo
'overridden'
>>> t2._bar
'overridden'
>>> t2.__baz
…略…
AttributeError: 'ExtendedTest' object has no attribute '__baz'
```

　ちょっと待ってください。t2.__baz の値を調べようとして AttributeError になったのはなぜでしょうか。これもネームマングリングのしわざです。このオブジェクトには__baz 属性がそもそも存在しないことがわかります。

```
>>> dir(t2)
['_ExtendedTest__baz', '_Test__baz', '__class__', '__delattr__', '__dict__',
 '__dir__', '__doc__', '__eq__', '__format__', '__ge__', '__getattribute__',
 '__gt__', '__hash__', '__init__', '__init_subclass__', '__le__', '__lt__',
 '__module__', '__ne__', '__new__', '__reduce__', '__reduce_ex__', '__repr__',
 '__setattr__', '__sizeof__', '__str__', '__subclasshook__', '__weakref__',
 '_bar', 'foo']
```

このように、__baz はうっかり書き換えられないように_ExtendedTest__baz に変換されています。ただし、元の_Test__baz もまだ存在しています。

```
>>> t2._ExtendedTest__baz
'overridden'
>>> t2._Test__baz
42
```

二重のアンダースコアのネームマングリングは、プログラマからはまったく見えません。次の例では、このことを確認してみましょう。

```
class ManglingTest:
    def __init__(self):
        self.__mangled = 'hello'

    def get_mangled(self):
        return self.__mangled
```

```
>>> ManglingTest().get_mangled()
'hello'
>>> ManglingTest().__mangled
…略…
AttributeError: 'ManglingTest' object has no attribute '__mangled'
```

ネームマングリングはメソッド名にも適用されるのでしょうか。もちろんです。クラスのコンテキストにおいて2つのアンダースコア文字（ダンダー）で始まる名前は**すべて**、ネームマングリングの影響を受けます。

```
class MangledMethod:
    def __method(self):
        return 42

    def call_it(self):
        return self.__method()
```

```
>>> MangledMethod().__method()
…略…
AttributeError: 'MangledMethod' object has no attribute '__method'
>>> MangledMethod().call_it()
42
```

ネームマングリングの効果を示す例をもう1つ見てみましょう。意外な発見があるかも

しれません。

```
_MangledGlobal__mangled = 23

class MangledGlobal:
    def test(self):
        return __mangled
```

```
>>> MangledGlobal().test()
23
```

この例では、_MangledGlobal__mangled をグローバル変数として宣言しています。そして、MangledGlobal クラスのコンテキストの中でこの変数にアクセスしています。ネームマングリングのおかげで、このクラスの test メソッドの中で_MangledGlobal__mangled グローバル変数を単に__mangled として参照することができました。

__mangled は 2 つのアンダースコアで始まるため、Python インタープリタによって自動的に_MangledGlobal__mangled に変換されます。このことは、ネームマングリングがクラス属性と特に結び付いているわけではないことを示しています。クラスのコンテキストで 2 つのアンダースコアで始まる名前が使用されるたびにネームマングリングが適用されます。

なかなか奥が深いですね。

正直に言うと、これらの例や説明は思い付きで書いたわけではなく、ある程度の調査と編集が必要でした。筆者は長年 Python を使用していますが、こうしたルールや特殊なケースを常に気にかけているわけではありません。

プログラマにとって、「パターン認識」と、どこを調べればよいかを知っていることが、最も重要なスキルとされることもあります。この時点で少し悲鳴を上げそうになっていたとしても心配はいりません。時間をかけて本章の例をいろいろ試してみてください。

これらの概念をしっかり理解し、ネームマングリングとここで示したその他の振る舞いをだいたい頭に入れておいてください。いつか「現場」でそれらに出くわしたときに、ドキュメントのどこを調べればよいかがわかるでしょう。

■ ダンダーとは何か

経験豊富な Python 開発者が Python について話しているのを聞いたり、講演を聞きに行ったりしたことがある場合は、**ダンダー** (dunder) という言葉を耳にしたことがあるかもしれません。ダンダーとは何だろうと考えている読者のために、答えを教えましょう。

Python コミュニティでは、二重のアンダースコア（ダブルアンダースコア）のことをよく「ダンダー」と呼んでいます。その理由は、Python コードに二重のアンダースコア

がしょっちゅう出現するからです。Python 使いはあごの筋肉が疲れないように「ダブルアンダースコア」を縮めて「ダンダー」と呼ぶのです。

たとえば、__baz は「ダンダー baz」と読みます。同様に、__init__は「ダンダー init ダンダー」と読むように思えますが、「ダンダー init」と読みます。

ですが、これも命名規則の癖の 1 つにすぎません。言うなれば、Python 開発者どうしの**秘密の握手**[12] のようなものです。

● 先頭と末尾の二重アンダースコア：”__var__”

意外かもしれませんが、名前の「先頭」と「末尾」に二重のアンダースコアが付いている場合、ネームマングリングは適用されません。二重のアンダースコアプレフィックスとアンダースコアポストフィックスで囲まれている変数は、Python インタープリタによって変換されません。

```
class PrefixPostfixTest:
    def __init__(self):
        self.__bam__ = 42
```

```
>>> PrefixPostfixTest().__bam__
42
```

ただし、先頭と末尾の両方に二重のアンダースコアが付いている名前は、Python 言語において特別な用途のために予約されています。このルールに当てはまるのは、オブジェクトコンストラクタの__init__や、オブジェクトを呼び出し可能にする__call__などです。

これらのダンダーメソッドはよく**マジックメソッド**（magic method）と呼ばれます。ただし、Python コミュニティには、この呼び名を好まない人が大勢います（筆者もその 1 人です）。この呼び名はダンダーメソッドの使用が推奨されないことを匂わせますが、決してそのようなことはないからです。ダンダーメソッドは Python のコア機能であり、必要に応じて使用すべきです。ダンダーメソッドには、「魔法」のようなものや不可解なものは何もありません。

ただし、命名規則に限って言えば、Python 言語に対する将来の変更との衝突を避けるために、各自のプログラムでは先頭と末尾に二重のアンダースコアが付いた名前は使用しないでおくのが賢明です。

---

[12] **[訳注]**：特別なメンバーだけが体得していて、仲間によって認識される握手の仕方。

● 単一のアンダースコア：" _ "

慣例として、変数が一時的なものである、あるいは重要なものではないことを示すために、アンダースコアの 1 文字を名前として使用することがあります。

たとえば次のループでは、現在のインデックスにアクセスする必要がなく、単なる一時的な値であることを示すために、"_"を使用できます。

```
>>> for _ in range(32):
...     print('Hello, World.')
```

また、式をアンパック（展開）するときに具体的な値を無視するための「どうでもよい」変数として"_"を使用することもできます。これも慣例的な意味にすぎず、Python パーサーの特別な振る舞いの引き金にはなりません。"_"は、この目的に使用されることがある有効な変数名にすぎません。

次の例では、タプルを個々の変数にアンパックしていますが、ここで関心があるのは color フィールドと mileage フィールドの値だけです。しかし、式を正しくアンパックするには、タプルに含まれている値を 1 つ残らず変数に代入する必要があります。そこで、プレースホルダ変数として役立つのが"_"です。

```
>>> car = ('red', 'auto', 12, 3812.4)
>>> color, _, _, mileage = car
>>> color
'red'
>>> mileage
3812.4
>>> _
12
```

"_"は、一時的な変数として使用されることに加えて、ほとんどの Python REPL においてインタープリタが最後に評価した式の結果を表す特別な変数でもあります。

この機能は、インタープリタセッションの途中で 1 つ前に行った計算の結果にアクセスしたい場合に重宝します[13]。

```
>>> 20 + 3
23
```

---

[13]　**[訳注]**：同じインタープリタセッションで上記の car の例を先に試していた場合、次の"_"の値は 23 ではなく 12 になる。"_"の値は int と評価されたままであり、int には append 属性がないため、その次の例では AttributeError になる。

```
>>> _
23
>>> print(_)
23
```

　この機能は、オブジェクトを動的に構築していて、名前を割り当てずに操作したい場合
にも役立ちます。

```
>>> list()
[]
>>> _.append(1)
>>> _.append(2)
>>> _.append(3)
>>> _
[1, 2, 3]
```

● **ここがポイント**

- **先頭の単一のアンダースコア：" _var"**

  内部で使用するための名前であることを示す命名規則。一般に、（ワイルドカー
  ドインポートを除いて）Python インタープリタによって適用されるものではな
  く、あくまでもプログラマへのヒントと位置付けられている。

- **末尾の単一のアンダースコア："var_"**

  その名前が Python のキーワードと衝突するのを避けるための慣例として使用さ
  れる。

- **先頭の二重のアンダースコア："__var"**

  クラスのコンテキストで使用すると、Python インタープリタによってネームマ
  ングリングが適用される。

- **先頭と末尾の二重アンダースコア："__var__"**

  Python 言語によって定義される特別なメソッドを表す。カスタム属性には、こ
  の命名規則を使用しないようにすべきである。

- **単一のアンダースコア："_"**

  一時的または重要ではない（どうでもよい）変数の名前として使用されることが
  ある。また、Python REPL セッションでは、最後に評価された式の結果を表す。

2.5 　　文字列のフォーマットに関する衝撃の事実

　The Zen of Python[14] と、「何かを行うための明白な方法が 1 つ」存在すべきであることを覚えているでしょうか。Python に文字列の主なフォーマット方法が **4 つ**あると言ったら、あなたは困惑するかもしれません。

　ここでは、これら 4 つの文字列フォーマットの仕組みと、それぞれの長所と短所を具体的に見ていきます。また、最もうまくいく汎用的なフォーマット方法を選択するために筆者が使用している「大まかなやり方」も伝授します。

　取り上げなければならない内容が多いので、さっそく始めましょう。単純な例として、次の変数（というか実際には定数）が定義されているとします。

```
>>> errno = 50159747054
>>> name = 'Bob'
```

　そして、これらの変数に基づいて、次のエラーメッセージが含まれた出力文字列を生成したいとします。

```
'Hey Bob, there is a 0xbadc0ffee error!'
```

　そのエラーは間違いなく開発者の月曜の朝を台なしにするでしょう。ですが、ここでの目的は文字列のフォーマットについて説明することです。さっそく始めましょう。

● 「古いスタイル」の文字列フォーマット

　Python の文字列には、%演算子を使ってアクセスできる特別な組み込み演算があります。この演算は、位置に基づく単純なフォーマットをとても簡単に行うことができる省略表記（ショートカット）です。C で printf スタイルの関数を使用したことがあれば、この仕組みをすぐに理解できるはずです。簡単な例を見てみましょう。

```
>>> 'Hello, %s' % name
'Hello, Bob'
```

　ここでは、フォーマット指定子%s を使って、文字列として表された name の値を置き換える場所を Python に指示しています。これは「古いスタイル」の文字列フォーマットと呼ばれるものです。

　古いスタイルの文字列フォーマットには、出力文字列を制御するために使用できるフォー

---

[14] 　**[訳注]**：Python プログラマが持つべき心構え。2.6 節を参照。

マット指定子が他にもあります。たとえば、数字を 16 進表記に変換したり、ホワイトスペースのパディングを追加して体裁を整えた表やレポートを生成したりできます[15]。

次の例では、フォーマット指定子%x を使って int 型の値を文字列に変換し、16 進数として表示しています。

```
>>> '%x' % errno
'badc0ffee'
```

「古いスタイル」の文字列フォーマット構文は、1 つの文字列で複数の置き換えを行いたい場合に少し変化します。%演算子は引数を 1 つしかとらないため、次に示すように、右オペランドをタプルにまとめる必要があります。

```
>>> 'Hey %s, there is a 0x%x error!' % (name, errno)
'Hey Bob, there is a 0xbadc0ffee error!'
```

また、フォーマット文字列では名前による変数の置き換えを指定することもできます。その場合は、%演算子にマッピングを渡します。

```
>>> 'Hey %(name)s, there is a 0x%(errno)x error!' % {
... "name": name, "errno": errno }
'Hey Bob, there is a 0xbadc0ffee error!'
```

このようにすると、フォーマット文字列のメンテナンスや将来の変更が容易になります。というのも、フォーマット文字列に値を渡す順序を、フォーマット文字列においてそれらの値が参照される順序と一致させる必要がないからです。当然ながら、この手法には入力の手間が少し増えるという欠点があります。

この printf スタイルのフォーマットがなぜ「古いスタイル」の文字列フォーマットと呼ばれるのか疑問に思っているはずです。そのわけを説明しましょう。厳密には、「古いスタイル」のフォーマットは後ほど説明する「新しいスタイル」のフォーマットに取って代わられています。しかし、重視されなくなったとはいえ、「古いスタイル」のフォーマットは使用されなくなったわけではなく、最新バージョンの Python でもサポートされています。

---

[15] Python 公式ドキュメントの「printf-style String Formatting」を参照。
https://docs.python.org/3/library/stdtypes.html#old-string-formatting

● 「新しいスタイル」の文字列フォーマット

Python 3 では、文字列フォーマットの新しい方法が導入され、後に Python 2.7 にも
バックポートされました。この「新しいスタイル」の文字列フォーマットでは、%演算子に
よる特別な構文が廃止され、より標準的な文字列フォーマット構文が採用されています。
文字列のフォーマットは、文字列オブジェクトの format 関数を呼び出すことによって処
理されるようになりました[16]。

format 関数でも、「古いスタイル」のフォーマットで行っていたような、位置に基づく
単純なフォーマットを行うことができます。

```
>>> 'Hello, {}'.format(name)
'Hello, Bob'
```

あるいは、名前による変数の置き換えを指定することもできます。format 関数に渡さ
れる引数を変更しなくても表示する順序を変更できるため、とても便利な機能です。

```
>>> 'Hey {name}, there is a 0x{errno:x} error!'.format(name=name, errno=errno)
'Hey Bob, there is a 0xbadc0ffee error!'
```

このコードから、int 型の変数を 16 進表記の文字列としてフォーマットするための構
文が変更されていることもわかります。変数名の後にサフィックス":x"を追加すること
で、**フォーマット仕様**を指定する必要があります。

全体的に見て、このフォーマット文字列構文のほうが表現力があり、単純なユースケース
が複雑になることもありません。Python の公式ドキュメントで、ぜひこの「文字列フォー
マットミニ言語」に関する説明[17] を読んでください。

Python 3 では、%スタイルのフォーマットよりもこの「新しいスタイル」の文字列フォー
マットが推奨されます。ただし、次項で説明するように、Python 3.6 以降では、さらに効
果的な文字列フォーマット方法がサポートされています。

---

[16]　Python 公式ドキュメントの「str.format()」を参照。
https://docs.python.org/3/library/stdtypes.html#str.format
[17]　Python 公式ドキュメントの「Format String Syntax」を参照。
https://docs.python.org/3/library/string.html#format-string-syntax

● リテラル文字列補間（Python 3.6 以降）

Python 3.6 では、文字列フォーマットの新たな手法として**フォーマット済み文字列リテラル**（formatted string literal）[18] と呼ばれるものが追加されています。この新しいフォーマット方法では、文字列定数内で Python の埋め込み式を使用できます。単純な例を使って、この機能がどのようなものか試してみましょう。

```
>>> f'Hello, {name}!'
'Hello, Bob!'
```

この新しいフォーマット構文は強力です。任意の Python 式を埋め込むことができるため、次のようにインライン演算を行うことも可能です。

```
>>> a = 5
>>> b = 10
>>> f'Five plus ten is {a + b} and not {2 * (a + b)}.'
'Five plus ten is 15 and not 30.'
```

フォーマット済み文字列リテラルは、内部では Python パーサーとして機能し、f で始まる文字列リテラルを一連の文字列定数と式に変換します。続いて、それらをつなぎ合わせて最終的な文字列を構築します。

フォーマット済み文字列リテラルを含んだ次のような greet 関数があるとしましょう。

```
>>> def greet(name, question):
...     return f"Hello, {name}! How's it {question}?"
...
>>> greet('Bob', 'going')
"Hello, Bob! How's it going?"
```

この関数を逆アセンブルして内部がどうなっているのか調べてみると、この関数に含まれていたフォーマット済み文字列リテラルが次のようなものに変換されることがわかります。

```
def greet(name, question):
    return ("Hello, " + name + "! How's it " + question + "?")
```

現実の実装では、最適化として BUILD_STRING オペコードが使用されるため、もう少し

---

[18]　Python 公式ドキュメントの「Formatted string literals」を参照。
https://docs.python.org/3/reference/lexical_analysis.html#f-strings

高速です[19]。ただし、機能的には同じです。

```
>>> import dis
>>> dis.dis(greet)
  2           0 LOAD_CONST               1 ('Hello, ')
              2 LOAD_FAST                0 (name)
              4 FORMAT_VALUE             0
              6 LOAD_CONST               2 ("! How's it ")
              8 LOAD_FAST                1 (question)
             10 FORMAT_VALUE             0
             12 LOAD_CONST               3 ('?')
             14 BUILD_STRING             5
             16 RETURN_VALUE
```

文字列リテラルは str.format() メソッドの既存のフォーマット文字列構文もサポート しています。これにより、先の 2 つの項で説明したフォーマット問題を次のように解決で きます。

```
>>> f"Hey {name}, there's a {errno:#x} error!"
"Hey Bob, there's a 0xbadc0ffee error!"
```

Python の新しいフォーマット済み文字列リテラルは、ES2015 で追加された JavaScript テンプレートリテラルと似ています。筆者はこれらを Python 言語に対するなかなかよい 追加機能であると考えており、Python 3 での日々の作業にすでに取り入れています。

● テンプレート文字列

Python には、文字列フォーマットの手法がもう 1 つあります。テンプレート文字列で す。テンプレート文字列は単純で、それほど表現力もありませんが、このメカニズムにぴっ たりの状況もあります。

単純なあいさつ文の例を見てみましょう。

```
>>> from string import Template
>>> t = Template('Hey, $name!')
>>> t.substitute(name=name)
'Hey, Bob!'
```

Python の組み込みモジュールである string から Template クラスをインポートする 必要があることがわかります。テンプレート文字列は言語のコア機能ではありませんが、

---

[19] https://bugs.python.org/issue27078

標準ライブラリに含まれているモジュールによって提供されます。

　もう1つの違いは、テンプレート文字列ではフォーマット指定子を使用できないことです。このため、エラー文字列の例を正常に動作させるには、int 型のエラー番号を 16 進表記の文字列に明示的に変換する必要があります。

```
>>> templ_string = 'Hey $name, there is a $error error!'
>>> Template(templ_string).substitute(name=name, error=hex(errno))
'Hey Bob, there is a 0xbadc0ffee error!'
```

　これでうまくいきますが、「Python プログラムでテンプレート文字列を使用するのはどのような状況だろう」と思っているはずです。筆者の見解では、テンプレート文字列が最適なのはプログラムのユーザーによって生成されたフォーマット文字列を処理するときです。テンプレート文字列はそれほど複雑ではないため、より安全な選択肢です。

　他の文字列フォーマット手法のフォーマットミニ言語はもっと複雑なので、プログラムにセキュリティホールができてしまうことがあります。たとえば、フォーマット文字列からプログラムの任意の変数にアクセスしようと思えばできないことはありません。

　つまり、悪意を持つユーザーがフォーマット文字列を提供できる状況では、秘密鍵やその他の機密情報が漏洩するおそれがあります。この攻撃がどのように使用されるのかを示す簡単な概念実証を見てみましょう。

```
>>> SECRET = 'this-is-a-secret'
>>> class Error:
...     def __init__(self):
...         pass
...
>>> err = Error()
>>> user_input = '{error.__init__.__globals__[SECRET]}'

# これは大変...
>>> user_input.format(error=err)
'this-is-a-secret'
```

　この架空の攻撃者は、フォーマット文字列から__globals__ディクショナリにアクセスすることで、秘密の文字列を取り出すことに成功しました。ぞっとしますね。この攻撃ベクトルはテンプレート文字列によって封鎖されます。ユーザー入力から生成されるフォーマット文字列を扱うとしたら、テンプレート文字列はより安全な選択肢となります。

```
>>> user_input = '${error.__init__.__globals__[SECRET]}'
>>> Template(user_input).substitute(error=err)
…略…
ValueError: Invalid placeholder in string: line 1, col 1
```

■ どの文字列フォーマット手法を使用すべきか

　Python に文字列フォーマットの選択肢がこれほどあることが混乱のもとになるかもしれないことは重々承知しています。そう考えると、フローチャートのようなものを使って解説したほうがよかったかもしれません。

　ですが、それはやめておきます。代わりに、筆者が Python コードを書くときの単純な原則をまとめてみたいと思います。

　では、始めましょう。どの文字列フォーマット手法を選択すればよいのかが状況からうまく判断できない場合は、いつでもこの原則を当てはめてみるとよいでしょう。

> **Dan の Python 文字列フォーマットの原則**
>
> フォーマット文字列がユーザーによって指定されるものである場合は、テンプレート文字列を使ってセキュリティ問題を回避する。それ以外の状況で、Python 3.6 以上を使用している場合は、リテラル文字列補間を使用する。Python 3.6 以上を使用していない場合は、「新しいスタイル」の文字列フォーマットを使用する。

● ここがポイント

- 意外かもしれないが、Python には文字列フォーマットを扱う方法が複数ある。
- どの方法にも長所と短所がある。どの方法を使用すればよいかは各自のユースケースによって決まる。
- どの文字列フォーマット手法を使用すればよいか判断がつかない場合は、「Dan の Python 文字列フォーマットの原則」を試してみよう。

2.6 　「The Zen of Python」の隠しコマンド

　以下の内容が Python 本のお約束のようなものであることは筆者も承知しています。ですが、Tim Peters の Zen of Python は避けて通れません。筆者は長年にわたって Zen of Python を読み返しては知恵を借り、Tim のおかげでコーダーとして成長したと思っています。読者にも同じ効果が現れることを願っています。

　また、**Zen of Python** がどれだけ大事であるかは、隠しコマンドとして言語に含まれて

いることからもうかがえます。Python インタープリタのセッションを開始し、次のコマンドを実行してみてください。

```
>>> import this
```

● The Zen of Python, by Tim Peters

Beautiful is better than ugly.

醜いよりも美しいほうがよい。

Explicit is better than implicit.

暗示するよりも明示するほうがよい。

Simple is better than complex.

複雑であるよりも単純であるほうがよい。

Complex is better than complicated.

入り組んでいるくらいなら複雑なほうがよい。

Flat is better than nested.

入れ子になっているよりも平らなほうがよい。

Sparse is better than dense.

密集しているよりもまばらなほうがよい。

Readability counts.

読みやすいことが肝心である。

Special cases aren't special enough to break the rules.

特例だからといってルールを破ってよいわけでない。

Although practicality beats purity.

とはいえ、実用性は純粋さに勝る。

Errors should never pass silently.

エラーを黙って通過させてはならない。

Unless explicitly silenced.

ただし、わざと隠されている場合は除く。

In the face of ambiguity, refuse the temptation to guess.

あいまいなものに出会ったときに推測で済ませようとしてはならない。

There should be one—and preferably only one—obvious way to do it.

何かを行う明白な方法があるはずで、できれば 1 つだけであることが望ましい。

Although that way may not be obvious at first unless you're Dutch.

ただし、その方法はオランダ人でなければ最初はわからないかもしれない。

Now is better than never.

ずっとやらないよりは今やるほうがよい。

Although never is often better than right now.

ただし、今「すぐ」やるよりはやらないほうがよいこともよくある。

If the implementation is hard to explain, it's a bad idea.

説明するのが難しい実装はよいものではない。

If the implementation is easy to explain, it may be a good idea.

説明するのが簡単な実装はよいものかもしれない。

Namespaces are one honking great idea—let's do more of those!

名前空間はとてもよいアイデアなので、積極的に取り入れよう。

## CHAPTER 3

効果的な関数

3.1　Pythonの関数はファーストクラスオブジェクト

Pythonの関数はファーストクラスオブジェクトです。つまり、変数に代入したり、デー
タ構造に格納したり、引数として他の関数に渡したり、さらには他の関数から値として返
すこともできます。

これらの概念を直観的に理解できるようになれば、ラムダやデコレータといったPython
の高度な機能もすんなり理解できるようになります。また、関数型プログラミングへの扉
も開かれます。

ここから数ページにわたって、この直観的な理解を深めるのに役立つさまざまな例を
紹介します。これらの例は互いをベースに構築されているため、順番に読み進めながら
Pythonインタープリタセッションで実際に試してみてもよいでしょう。

ここで説明する概念を理解するには、思った以上に時間がかかるかもしれません。です
が心配はいりません。それはごく普通のことで、筆者も同じ経験をしています。壁に頭を
ぶつけているような気持になるかもしれませんが、あなたの準備が整ったときに突然理解
できるようになり、すべてが腑に落ちるようになります。

本節のデモには、次に示すyell関数を使用します。これはトイプログラムであり、出
力を見ればすぐにどういうものかわかります。

```python
def yell(text):
    return text.upper() + '!'
```

```
>>> yell('hello')
'HELLO!'
```

● 関数はオブジェクト

　Python プログラムのデータはすべてオブジェクトであるか、オブジェクト間の関係によって表されます[1]。文字列、リスト、モジュール、関数などはすべてオブジェクトです。Python の関数は決して特別なものではありません。それらも単なるオブジェクトです。

　yell 関数は Python の**オブジェクト**であるため、他のオブジェクトと同じように、別の変数に代入できます。

```
>>> bark = yell
```

　このコードは yell 関数を呼び出すのではなく、yell が参照している関数オブジェクトを受け取り、その関数オブジェクトを指す bark という 2 つ目の名前を作成します。このようにすると、bark を呼び出すことで、同じ関数オブジェクトを実行できるようになります。

```
>>> bark('woof')
'WOOF!'
```

　関数オブジェクトとそれらの名前は別のものです。このことを証明するために、関数の元の名前（yell）を削除してみましょう。別の名前（bark）がまだ元の関数オブジェクトを指しているため、その名前を使って元の関数を呼び出すことができます。

```
>>> del yell

>>> yell('hello?')
…略…
NameError: name 'yell' is not defined

>>> bark('hey')
'HEY!'
```

　ちなみに、Python は関数を作成するたびに、デバッグを目的として、その関数に文字列の識別子を割り当てます。この内部識別子にアクセスするには、__name__属性[2] を使用します。

---

[1]　Python 公式ドキュメントの「Objects, values and types」を参照。
https://docs.python.org/3/reference/datamodel.html#objects-values-and-types
[2]　Python 3.3 以降は同じような目的を果たす__qualname__もサポートされており、関数名とクラス名を明確に区別するために**修飾名**文字列を提供する。
https://www.python.org/dev/peps/pep-3155/

```
>>> bark.__name__
'yell'
```

この時点では、この関数の __name__ 属性の値は依然として"yell"ですが、各自のコードからこの関数オブジェクトにアクセスする方法には影響を与えません。名前識別子はデバッグ支援ツール以外の何ものでもありません。「関数を指している変数」と「関数自体」は、実際にはまったく別のものです。

● 関数はデータ構造に格納できる

関数はファーストクラスオブジェクトであるため、他のオブジェクトと同じようにデータ構造に格納できます。たとえば次に示すように、関数をリストに追加できます。

```
>>> funcs = [bark, str.lower, str.capitalize]
>>> funcs
[<function yell at 0x10ff96510>,
 <method 'lower' of 'str' objects>,
 <method 'capitalize' of 'str' objects>]
```

このリストに格納されている関数オブジェクトにアクセスする方法は、他の種類のオブジェクトの場合と同じです。

```
>>> for f in funcs:
...     print(f, f('hey there'))
...
<function yell at 0x10ff96510> HEY THERE!
<method 'lower' of 'str' objects> hey there
<method 'capitalize' of 'str' objects> Hey there
```

最初に変数に代入せずに、リストに格納されている関数オブジェクトを呼び出すことも可能です。関数のルックアップ（検索）と、結果として得られた「実体のない」関数オブジェクトの呼び出しを、次に示すような1つの式の中で行うことができます。

```
>>> funcs[0]('heyho')
'HEYHO!'
```

● 関数は他の関数に渡すことができる

関数はオブジェクトであるため、他の関数に引数として渡すことができます。次に示すgreet関数は、引数として渡された関数オブジェクトを使ってあいさつ文をフォーマット

し、その結果を出力します。

```python
def greet(func):
    greeting = func('Hi, I am a Python program')
    print(greeting)
```

この関数に引数として別の関数を渡すと、最終的に出力されるあいさつ文を操作できます。greet 関数に bark 関数を渡した場合は次のようになります。

```
>>> greet(bark)
HI, I AM A PYTHON PROGRAM!
```

もちろん、別の種類のあいさつ文を生成するために新しい関数を定義することもできます。たとえば、Python プログラムのコンボイ（オプティマスプライム）のような口調が気に入らない場合は、次に示す whisper 関数が役立つかもしれません。

```python
def whisper(text):
    return text.lower() + '...'
```

```
>>> greet(whisper)
hi, i am a python program...
```

関数オブジェクトを引数として他の関数に渡す能力の効果は絶大です。**振る舞い**を抜き出してプログラム内でやり取りできるのです。この例では、greet 関数は同じままですが、引数として別の振る舞いを渡すことで、その出力に影響を与えることができます。

他の関数を引数として受け取ることができる関数は**高階関数**（higher-order function）とも呼ばれます。高階関数は関数型プログラミングに不可欠です。

Python の組み込み関数 map は、典型的な高階関数です。この関数は、関数オブジェクトとイテラブル（iterable）[3] を受け取り、イテラブル内の要素ごとにその関数を呼び出しながら結果を返します。

bark 関数を一連のあいさつ文に**マッピング**すると、それらのあいさつ文をまとめてフォーマットできます。実際には、次のようになります。

```
>>> list(map(bark, ['hello', 'hey', 'hi']))
['HELLO!', 'HEY!', 'HI!']
```

---

[3] **[訳注]**：リストのように要素を 1 つずつ返すことができるオブジェクト。

　このように、map によってリスト全体がループ処理され、各要素に bark 関数が適用されます。結果として、あいさつ文が書き換えられた新しいリストオブジェクトが生成されます。

● 関数は入れ子にできる

　意外に思うかもしれませんが、Python では、関数を他の関数の中で定義できます。これらの関数はよく**入れ子の関数**、**ネストした関数**、または**内側の関数**と呼ばれます。例を見てみましょう。

```
def speak(text):
    def murmur(t):
        return t.lower() + '...'
    return murmur(text)
```

```
>>> speak('Hello, World')
'hello, world...'
```

　ここで何が起きているのでしょうか。speak を呼び出すたびに、内側の murmur 関数が新たに定義され、定義されたそばから呼び出されます。ここで筆者の脳がムズムズし始めますが、全体的に見れば、まだ比較的わかりやすいほうです。

　ですが、思わぬ落とし穴があります。speak の外では、murmur は**存在しない**のです。

```
>>> murmur('Yo')
…略…
NameError: name 'murmur' is not defined

>>> speak.murmur
…略…
AttributeError: 'function' object has no attribute 'murmur'
```

　では、入れ子の murmur 関数に speak の外からアクセスしたい場合はどうすればよいのでしょう。そういえば、関数はオブジェクトです。このため、内側の関数を外側の関数の呼び出し元に返すことができます。

　例として、内側の関数を 2 つ定義する関数を見てみましょう。外側の関数は、渡された引数に応じて内側の関数の 1 つを選択し、呼び出し元に返します。

```
def get_speak_func(volume):
    def murmur(text):
        return text.lower() + '...'
```

```
def yell(text):
    return text.upper() + '!'
if volume > 0.5:
    return yell
else:
    return murmur
```

get_speak_func が実際には内側の関数を呼び出さず、volume 引数に基づいて適切な内側の関数を選択し、関数オブジェクトを返すだけであることに注目してください。

```
>>> get_speak_func(0.3)
<function get_speak_func.<locals>.murmur at 0x10ae18>
```

```
>>> get_speak_func(0.7)
<function get_speak_func.<locals>.yell at 0x1008c8>
```

その後はもちろん、返された関数オブジェクトを直接呼び出すか、変数に代入してから呼び出すことができます。

```
>>> speak_func = get_speak_func(0.7)
>>> speak_func('Hello')
'HELLO!'
```

このことをしばし考えてみてください。関数に**振る舞いを引数として渡せる**だけでなく、**振る舞いを戻り値として返せる**なんて、すごいと思いませんか。

さて、少しこんがらかってくるのはここからです。先へ進む前にひと休みしてください。

● 関数はローカルの状態を取得できる

前項では、関数に内側の関数を定義できることと、さらに（本来なら隠れている）内側の関数を外側の関数から返せることがわかりました。

ここから少し大変なことになるので、今すぐシートベルトを締めてください。ここで私たちは関数型プログラミングの世界に足を踏み入れます。

内側の関数を定義すると、外側の関数から返せるだけでなく、**外側の関数の状態の一部を取得して保持する**ことも可能になります。これはどういうことでしょうか。

このことを具体的に示すために、先の get_speak_func 関数を少し書き換えることにします。新しいバージョンでは、volume 引数と text 引数を直接受け取って、返された関数をすぐに呼び出せるようにします。

```
def get_speak_func(text, volume):
    def murmur():
        return text.lower() + '...'
    def yell():
        return text.upper() + '!'
    if volume > 0.5:
        return yell
    else:
        return murmur
```

```
>>> get_speak_func('Hello, World', 0.7)()
'HELLO, WORLD!'
```

内側の murmur と yell をよく見てください。これらの関数から text パラメータがなくなっていることに気づいたでしょうか。ですがどういうわけか、これらの関数は外側の関数で定義されている text パラメータに依然としてアクセスできます。もっとはっきり言うと、このパラメータの値を取得して「記憶」しているように見えます。

このようなことを行う関数を**レキシカルクロージャ**（lexical closure）と呼びます。ここでは単に**クロージャ**と呼ぶことにします。クロージャは、プログラムのフローがその外側のレキシカルスコープから離れても、そのスコープの値を覚えています。

実際にはどういうことかと言うと、関数は**振る舞いを返せる**だけでなく、そうした**振る舞いを事前に設定できる**ということです。この概念を示す単純な例をもう 1 つ見てみましょう。

```
def make_adder(n):
    def add(x):
        return x + n
    return add
```

```
>>> plus_3 = make_adder(3)
>>> plus_5 = make_adder(5)

>>> plus_3(4)
7
>>> plus_5(4)
9
```

この例では、make_adder 関数が「加算器」関数を作成して設定するための**ファクトリ**として機能します。この「加算器」関数が make_adder 関数（外側のスコープ）の n 引数に依然としてアクセスできることに注目してください。

● 関数のように振る舞うオブジェクト

Python では、すべての関数がオブジェクトですが、その逆は当てはまりません。つまり、オブジェクトは関数ではありません。ただし、オブジェクトを**呼び出し可能** (callable) にすると、多くの場合は**関数のように扱う**ことができます。

オブジェクトが呼び出し可能である場合は、丸かっこ（()）の関数呼び出し構文を使用することが可能であり、さらには関数呼び出しの引数を渡すこともできます。そのすべてを支えているのはダンダーメソッド__call__です。例として、呼び出し可能オブジェクトを定義するクラスを見てみましょう。

```
class Adder:
    def __init__(self, n):
        self.n = n

    def __call__(self, x):
        return self.n + x
```

```
>>> plus_3 = Adder(3)
>>> plus_3(4)
7
```

内部では、オブジェクトのインスタンスを関数として「呼び出す」と、このオブジェクトの__call__メソッドの実行が試みられます。

もちろん、すべてのオブジェクトが呼び出し可能になるわけではありません。このため、オブジェクトが呼び出し可能と見なされるかどうかをチェックする組み込み関数 callable が用意されています。

```
>>> callable(plus_3)
True
>>> callable(bark)
True
>>> callable('hello')
False
```

● ここがポイント

- 関数を含め、Python ではすべてのものがオブジェクトである。オブジェクトは変数に代入したり、データ構造に格納したりできる。また、他の関数に引数として渡したり、他の関数から値として返したりすることもできる（ファーストクラス関数）。

- ファーストクラス関数を使用すれば、振る舞いを抜き出してプログラム内でやり取りできる。
- 関数は入れ子にできる。入れ子（内側）の関数では、外側の関数の状態を取得して保持することができる。このような関数をクロージャと呼ぶ。
- オブジェクトは呼び出し可能にできる。多くの場合、呼び出し可能オブジェクトは関数のように扱うことができる。

3.2 ラムダは単一式の関数

Python の `lambda` キーワードは、小さな無名関数（ラムダ関数）を宣言するためのショートカットです。ラムダ関数の振る舞いは、`def` キーワードで宣言された通常の関数と同じです。関数オブジェクトが必要なときはいつでもラムダを使用できます。

例として、加算を実行する単純なラムダ関数の定義を見てみましょう。

```
>>> add = lambda x, y: x + y
>>> add(5, 3)
8
```

`def` キーワードを使って同じ add 関数を定義することも可能ですが、その場合はもう少し冗長になります。

```
>>> def add(x, y):
...     return x + y
...
>>> add(5, 3)
8
```

「ラムダごときで何をそんなに騒いでいるのか」と思っているかもしれません。もしラムダが def で関数を定義するよりもほんのちょっぴり簡潔なだけだとしたら、たしかに騒ぐほどのことはないでしょう。

関数式（function expression）という言葉を念頭に置いて、次の例を見てください。

```
>>> (lambda x, y: x + y)(5, 3)
8
```

さて、何が起きたのでしょうか。`lambda` を使って「加算」関数をインラインで定義し、すぐに引数 5 と 3 で呼び出したのです。

概念的には、ラムダ式 lambda x, y: x + y は def を使って関数を定義するのと同じであり、単にインラインで書かれているだけです。決定的な違いは、関数オブジェクトを呼び出す前に名前を付ける必要がなかったことです。計算したい式をラムダの一部として記述し、このラムダ式を通常の関数と同じように呼び出すことで、その場で評価したのです。

先へ進む前に、先のサンプルコードを少しいじって、その意味をしっかり理解しておいてください。筆者はこれを理解するのに少し時間がかかったことを覚えています。ですから、インタープリタセッションで少し時間を費やすくらいどうってことはありません。時間をかけるだけの価値があるはずです。

ラムダと通常の関数の定義には、構文上の違いがもう 1 つあります。ラムダ関数は単一式に限定されます。つまり、文やアノテーションは使用できません。return 文ですら許可されません。

では、ラムダからどのようにして値を返すのでしょうか。ラムダ関数を実行すると、その式が評価され、式の結果が自動的に返されます。つまり、**暗黙**の return 文が常に存在します。ラムダが**単一式関数**（single expression function）とも呼ばれるのは、このためです。

● ラムダの用途

ラムダ関数はどのような状況で使用すればよいのでしょうか。厳密に言うと、関数オブジェクトの提供が期待される状況では、いつでもラムダ式を使用できます。そして、ラムダは無名でもよいため、最初に名前を割り当てる必要すらありません。

このため、Python で関数を定義するための便利な「形式ばらない」ショートカットとしてラムダを使用することができます。個人的には、イテラブルをキー以外の値でソートするためのコンパクトな**キー関数**[4] を記述するときに最もよく使用します。

```
>>> tuples = [(1, 'd'), (2, 'b'), (4, 'a'), (3, 'c')]
>>> sorted(tuples, key=lambda x: x[1])
[(4, 'a'), (2, 'b'), (3, 'c'), (1, 'd')]
```

この例では、タプルのリストを各タプルの 2 つ目の値でソートしています。このような場合は、ラムダ関数を使用すると、ソートの順序をすばやく変更できます。ソートの例をもう 1 つ試してみましょう。

```
>>> sorted(range(-5, 6), key=lambda x: x * x)
[0, -1, 1, -2, 2, -3, 3, -4, 4, -5, 5]
```

---

[4] キー関数（key func）については 7.2 節を参照。

どちらの例についても、組み込み関数 operator.itemgetter と abs を使ったもっと簡潔な実装があります。しかし、ラムダを使用すると柔軟性がはるかに高まることを理解してもらえればと思います。計算されたキーでシーケンスをソートしたい場合も問題はありません。どうすればよいかはもうわかっているはずです。

ラムダには興味深い点がもう1つあります。通常の入れ子の関数と同様に、ラムダも**レキシカルクロージャ**として機能するのです。

レキシカルクロージャとは何でしょうか。レキシカルクロージャとは、言ってみれば、プログラムのフローが外側のレキシカルスコープから離れた後もそのスコープの値を記憶している関数のきどった呼び名です。その仕組みを示す例を見てみましょう。

```
>>> def make_adder(n):
...     return lambda x: x + n
...
>>> plus_3 = make_adder(3)
>>> plus_5 = make_adder(5)

>>> plus_3(4)
7
>>> plus_5(4)
9
```

この x + n ラムダは、make_adder 関数（外側のスコープ）で定義された n の値に依然としてアクセスできます。

def キーワードを使って宣言された入れ子の関数の代わりにラムダ関数を使用すると、プログラマの意図をより明確に表現できることもあります。ですが率直に言って、それはよくあることではありません。少なくとも、筆者が書くような類いのコードでは滅多にないことです。そこで、この点についてもう少し説明することにします。

● しかし、ラムダを避けたほうがよいこともある

本章を読んで Python のラムダ関数に興味を持ってほしいのはやまやまですが、もう1つの注意点を明らかにする頃合いのような気がします。それは、「ラムダ関数は控えめに、十二分の注意を払って使用すべきである」ことです。

筆者はラムダを使って「クール」に見えるコードをそれなりに書いてきましたが、実際には、それらのコードは筆者と筆者の同僚にとってマイナスに働いていました。ラムダを使いたくなったら、それが本当に目的を達成するための最もクリーンで最もメンテナンスしやすい方法かどうかを数秒間（あるいは数分間）考えてみてください。

たとえば、2行のコードを省くために次のようなコードを書くのはばかげているとしか言いようがありません。技術的にはうまくいきますし、十分に効果的な「トリック」であ

ることはたしかです。しかし、締め切りと戦いながらバグフィックスを配布しなければな
らない次の担当者を困惑させることになります。

```
# 有害
>>> class Car:
...     rev = lambda self: print('Wroom!')
...     crash = lambda self: print('Boom!')
...
>>> my_car = Car()
>>> my_car.crash()
Boom!
```

ラムダを使った複雑な map 構文や filter 構文についても同じように感じています。通
常は、リスト内包[5]やジェネレータ式を使用するほうがはるかにクリーンです。

```
# 有害
>>> list(filter(lambda x: x % 2 == 0, range(16)))
[0, 2, 4, 6, 8, 10, 12, 14]

# こちらのほうが望ましい
>>> [x for x in range(16) if x % 2 == 0]
[0, 2, 4, 6, 8, 10, 12, 14]
```

ラムダ式を使って何か（少しでも）複雑な処理をしていることに気づいたら、ぜひ適切
な名前が付いたスタンドアロン関数を定義することを検討してください。

キー入力の手間が少しくらい省けたとしても、長い目で見ればたいしたことではありま
せん。それよりも、あなたの同僚（あるいは未来の自分自身）にとってありがたいのは、
行書のようなコードよりも、きれいで読みやすいコードのほうでしょう。

● ここがポイント

- ラムダ関数は単一式関数であり、必ずしも名前に結び付けられない（無名関数）。
- ラムダ関数は通常の Python 文を使用できない。また、常に暗黙の return 文を
  含んでいる。
- 「通常の（名前が付いた）関数やリスト内包を使用したほうが明確になるか」を
  常に自問すべきである。

---

[5]　**[訳注]**：シーケンスやイテラブルのすべてまたは一部の要素を処理し、その結果からなる新しい
リストを返すコンパクトな表記法。6.2 節を参照。

3.3　デコレータの威力

Python のデコレータを利用すれば、基本的には、呼び出し可能オブジェクト（関数、メソッド、クラス）自体を恒久的に書き換えなくても、それらのオブジェクトの振る舞いを拡張したり変更したりできます。

既存のクラスや関数の振る舞いに追加してもおかしくないほど十分に汎用的な機能は、デコレートするのにもってこいです。これには、次のような機能が含まれます。

- ログ機能
- アクセス制御と認証の適用
- 計測関数やタイミング関数
- レート制限
- キャッシュなど

では、Python のデコレータの使用法をマスターしなければならないのはなぜでしょうか。前述の内容はかなり抽象的に思えますし、Python 開発者の日々の作業にデコレータがどのように役立つのかがまるで見えてきません。この疑念を少し解消するために、もう少し現実的な例を見てもらうことにします。

レポート生成プログラムのビジネスロジックで 30 個の関数を使用しているとしましょう。雨模様の月曜日の朝、上司があなたのデスクにやってこう言います。「おはよう! TPS のレポートのことなんだが、レポート生成プログラムの各ステップに入出力のログ機能を追加してもらいたい。XYZ 社が監査用に必要としているんだ。ああ、それから先方には水曜日には渡せると言ってある。」

この依頼によってあなたの血圧が跳ね上がるか、比較的冷静さを保っていられるかは、Python のデコレータをしっかり理解しているかどうかによります。

デコレータを知らない場合、その後 3 日間は 30 個の関数を大急ぎで変更し、ログ機能を呼び出すコードを書き殴ることになるかもしれません。なかなか楽しそうですね。

しかし、デコレータを知っている場合は、余裕の笑みを浮かべながら上司にこう言うでしょう。「大丈夫です。今日の午後 2 時までには終わらせます」。

@audit_log という（わずか 10 行ほどの）汎用デコレータのコードを入力したあなたは、さっそくこのデコレータを各関数定義の先頭に貼り付けていきます。その後、コードをコミットし、コーヒーをもう 1 杯注ぎます。

話を盛ったかもしれませんが、ほんの少しだけです。デコレータはそれほど強力なのです。デコレータを理解することが、Python に本気で取り組むかどうかの節目であるとも言えるでしょう。そのためには、**ファーストクラス関数**の特性を含め、この言語の高度な

概念をしっかり理解しておく必要があります。

■ デコレータの仕組みを理解することには計り知れない価値がある

　最初はなかなか理解できないことはたしかですが、デコレータはサードパーティのフレームワークや Python の標準ライブラリでよく目にする非常に有益な機能です。デコレータの説明は Python チュートリアルの成否の分かれ目でもあります。ここでは、ステップ形式で説明してみたいと思います。

　ですが、いきなり読み進めるよりも、Python の**ファーストクラス関数**の特性をもう一度確認しておくのに絶好のタイミングです。本書にはそれらに関する章があるので、少し時間をかけて復習してみることをお勧めします。次に、デコレータを理解するにあたって最も重要な「ファーストクラス関数」のポイントをまとめておきます。

- **関数はオブジェクトである**
  変数に代入したり、他の関数に引数として渡したり、関数から戻り値として返したりできます。
- **関数は他の関数の中で定義できる**
  そして内側の関数は外側の関数のローカル状態を取得できます（レキシカルクロージャ）。

　さて、準備はいいでしょうか。それでは始めましょう。

● デコレータの基礎

　デコレータとはいったい何でしょうか。デコレータは、別の関数をデコレート（ラッピング）することで、デコレートされた関数を実行する前後にコードを実行できるようにする機能です。

　デコレータを利用すれば、他の関数の振る舞いを変更または拡張するための、再利用可能な構成要素を定義できます。そして、デコレートされた関数自体をそのために恒久的に書き換える必要はありません。関数の振る舞いが変化するのは、**デコレート**されたときだけです。

　単純なデコレータの実装はどのようなものでしょうか。基本的には、デコレータは**呼び出し可能オブジェクト**です。この呼び出し可能オブジェクトは、入力として呼び出し可能オブジェクトを受け取り、別の呼び出し可能オブジェクトを返します。

　次に示す関数はまさにそのような特性を備えています。これはあなたが記述できる最も単純なデコレータかもしれません。

```python
def null_decorator(func):
    return func
```

null_decorator は呼び出し可能オブジェクト（関数）であり、入力として別の呼び出し可能オブジェクトを受け取り、その呼び出し可能オブジェクトをそのまま返します。

このデコレータを使って別の関数を**デコレート**（ラッピング）してみましょう。

```
>>> def greet():
...     return 'Hello!'
...
>>> greet = null_decorator(greet)
>>> greet()
'Hello!'
```

この例では、greet 関数を定義した後、すぐに null_decorator 関数を通じて実行することで、greet 関数をデコレートしています。それほど便利には見えませんね。それもそのはずで、null_decorator はわざと無意味なものとして設計してあります。ですがこの例により、Python の特殊なデコレータ構文の仕組みが明らかになります。

ここでは、null_decorator を greet で明示的に呼び出した後に greet 変数に再代入していますが、もっと便利な方法があります。Python の@構文を使って関数をデコレートするのです。

```
>>> @null_decorator
... def greet():
...     return 'Hello!'
...
>>> greet()
'Hello!'
```

@null_decorator 行を関数定義の手前に配置する方法は、関数を定義してからデコレータで実行するのと同じことです。@構文は単なる**糖衣構文**（syntactic sugar）であり、このごく一般的に使用されるパターンのショートカットです。

@構文を使用すると、関数が定義されるとすぐにデコレートされることに注意してください。したがって、何かずるい手でも使わない限り、デコレートされていない元の関数にアクセスするのは難しくなります。そこで、デコレートされていない関数も呼び出せるようにするために、一部の関数を明示的にデコレートするという手もあります。

● デコレータは振る舞いを変更できる

デコレータの構文に少し慣れたところで、別のデコレータを記述してみましょう。このデコレータは**実際に何かを行い**、デコレートされた関数の振る舞いを変更します。

少し複雑な例として、デコレートされた関数の結果を大文字に変換するデコレータを見てみましょう。

```
def uppercase(func):
    def wrapper():
        original_result = func()
        modified_result = original_result.upper()
        return modified_result
    return wrapper
```

この uppercase デコレータは、null_decorator のように入力として渡された関数（入力関数）をそのまま返すのではなく、新しい関数をその場で定義し（クロージャ）、その関数を使って入力関数をラッピングすることで、入力関数の呼び出し時にその振る舞いを変更します。

この wrapper クロージャは、入力として渡されたデコレートされていない元の関数にアクセスできます。そして、その関数の呼び出しの前後に追加のコードを実行できます（厳密には、入力関数を呼び出す必要すらありません）。

この時点では、デコレートされた関数はまだ実行されていません。実際には、入力関数をこの時点で呼び出してもまったく意味がありません。どうしたいかというと、入力関数が最終的に呼び出されるときに、その振る舞いをデコレータが変更できればよいわけです。

このことについて少し考えてみてください。ややこしく思えることは承知していますが、うまく辻褄が合うはずです。

uppercase デコレータの効果をたしかめてみましょう。元の greet 関数をデコレートしたらどうなるでしょうか。

```
>>> @uppercase
... def greet():
...     return 'Hello!'
...
>>> greet()
'HELLO!'
```

これが期待どおりの結果だったらよいのですが。ここで何が起きているのか詳しく見てみましょう。この uppercase デコレータは、null_decorator とは異なり、関数をデコレートするときに別の関数オブジェクトを返します[6]。

```
>>> greet
<function greet at 0x10e9f0950>

>>> null_decorator(greet)
<function greet at 0x10e9f0950>
```

---

[6]　**[訳注]**：ここで指定している greet はデコレートされていない元の greet を表している。

```
>>> uppercase(greet)
<function uppercase.<locals>.wrapper at 0x76da02f28>
```

　先ほどと同様に、デコレートされた関数の振る舞いについては、その関数が最終的に呼び出されるときに変更する必要があります。uppercase デコレータはそれ自体が関数です。そして、uppercase がデコレートする入力関数の「将来の振る舞い」を変更するには、入力関数をクロージャと置き換える（またはクロージャでラッピングする）以外に方法はありません。

　uppercase が別の関数（クロージャ）を定義して返すのはそのためです。このようにすると、返された関数をあとから呼び出すことで、元の入力関数を実行してその結果を変更できるようになります。

　デコレータはラッパークロージャを通じて呼び出し可能オブジェクトの振る舞いを変更するため、元の関数を恒久的に書き換える必要はありません。元の呼び出し可能オブジェクトは永遠に書き換えられず、デコレートされたときだけその振る舞いが変化することになります。

　このようにして、ログ機能などの再利用可能な構成要素を既存の関数に付け足すことができます。デコレータが標準ライブラリやサードパーティのパッケージで頻繁に使用されるほど強力な機能であるのもうなずけます。

● ちょっと休憩

　ところで、ひと息入れたくなったり、その辺をぐるっと散歩したい気分になっているかもしれませんが、それはまったく正常な感覚です。クロージャとデコレータは Python において最も理解しにくい概念であると筆者は考えています。

　すぐに理解しようとして焦る必要はありません。どうぞ時間をかけてください。インタープリタセッションでサンプルコードを 1 つずつ調べてみると、理解を深めるのに役立つことがあります。

　あなたならきっと理解できます。

● 関数に複数のデコレータを適用する

　驚くことではないですが、関数には複数のデコレータを適用できます。このようにすると、それらのデコレータの効果が蓄積されます。デコレータが再利用可能な構成要素としてかくも有益なのは、ここに理由があります。

　例を見てみましょう。次の 2 つのデコレータは、デコレートされた関数の出力文字列を HTML タグで囲みます。これらのタグがどのようにネストされるのかを調べれば、Python が複数のデコレータをどの順序で適用するのかがわかります。

```
def strong(func):
    def wrapper():
        return '<strong>' + func() + '</strong>'
    return wrapper

def emphasis(func):
    def wrapper():
        return '<em>' + func() + '</em>'
    return wrapper
```

では、これら2つのデコレータを greet 関数に同時に適用してみましょう。通常の@構文を使用し、1つの関数の上に複数のデコレータを「積み重ねる」だけです。

```
@strong
@emphasis
def greet():
    return 'Hello!'
```

このデコレートされた関数を実行した場合、どのような出力が表示されると思いますか。@emphasis デコレータが<em>タグを先に追加するでしょうか。それとも、@strong が優先されるでしょうか。デコレートされた関数を呼び出した結果は次のようになります。

```
>>> greet()
'<strong><em>Hello!</em></strong>'
```

この結果から、デコレータがどの順序で適用されたのかがわかります。デコレータは下から順に適用されます。まず、入力関数が@emphasis によってデコレートされ、続いて、その結果として得られた（デコレートされた）関数が@strong によってデコレートされます。

この下からの順番を覚えておくために、この振る舞いを**デコレータスタック**と呼ぶことにします。このスタックを一番下から組み立てていき、新しいブロックを上に追加していくことになります。

この例を分解し、@構文を使用せずにデコレータを適用するとしたら、一連のデコレータ関数の呼び出しは次のようになります。

```
decorated_greet = strong(emphasis(greet))
```

この場合も、emphasis デコレータが最初に適用され、その結果として得られた（デコレートされた）関数に strong デコレータが適用されます。

このようにして入れ子の関数呼び出しが追加され、デコレータが深く積み重なっていくと、やがてパフォーマンスに影響がおよぶことになります。実際には、これが問題になる

ことはまずありませんが、パフォーマンスへの負荷が大きいコードでデコレータを頻繁に
使用する場合は、そのことを覚えておいてください。

● 引数をとる関数のデコレート

ここまでの例では、引数をとらない単純な greet 関数をデコレートしただけでした。こ
こまでのデコレータでは、入力関数に引数を転送するという問題に対処する必要はありま
せんでした。

これらのデコレータの 1 つを、引数をとる関数に適用しようとした場合はうまくいかな
いでしょう。任意の引数をとる関数をデコレートするにはどうすればよいのでしょう。

ここで役立つのが、可変数の引数に対処する Python の *args と **kwargs です[7]。次
の proxy デコレータは、この機能を利用します。

```
def proxy(func):
    def wrapper(*args, **kwargs):
        return func(*args, **kwargs)
    return wrapper
```

このデコレータには、注目すべき点が 2 つあります。

- wrapper クロージャの定義において、演算子 * と ** を使って位置パラメータとキー
  ワードパラメータに対する引数をすべて取得し、それらを変数 args と kwargs
  に格納している。
- 続いて、wrapper クロージャが取得した引数を元の入力関数に転送している。引
  数の転送には、「引数アンパック」演算子 * と ** を使用している。

*演算子と **演算子の意味がオーバーロードされ、それらが使用されるコンテキストに
応じて変化する、という点は少し残念ですが、考え方は理解できたと思います。

proxy デコレータで実装した手法をもっと実践的な例として膨らませてみましょう。次
に示す trace デコレータは、実行時に関数の引数と結果を記録します。

```
def trace(func):
    def wrapper(*args, **kwargs):
        print(f'TRACE: calling {func.__name__}() '
              f'with {args}, {kwargs}')

        original_result = func(*args, **kwargs)
```

---

[7] *args と **kwargs については 3.4 節を参照。

```
        print(f'TRACE: {func._name_}() '
              f'returned {original_result!r}')

        return original_result
    return wrapper
```

関数を trace でデコレートした上で呼び出すと、デコレートされた関数に渡された引数とその戻り値が出力されます。これも「トイプログラム」には違いありませんが、いざとなれば、すばらしいデバッグ支援ツールになります。

```
>>> @trace
... def say(name, line):
...     return f'{name}: {line}'
...
>>> say('Jane', 'Hello, World')
TRACE: calling say() with ('Jane', 'Hello, World'), {}
TRACE: say() returned 'Jane: Hello, World'
'Jane: Hello, World'
```

デバッグに関して言うと、デコレータをデバッグするときに留意すべき点がいくつかあります。

● 「デバッグ可能な」デコレータを書く方法

デコレータを使用するときには、実際には、ある関数を別の関数に置き換えているだけです。このプロセスには、元の（デコレートされていない）関数に関連付けられたメタデータの一部が「覆い隠されてしまう」という欠点があります。

たとえば、元の関数の名前、docstring、パラメータリストは、ラッパークロージャによって隠されてしまいます。

```
def greet():
    """Return a friendly greeting."""
    return 'Hello!'

decorated_greet = uppercase(greet)
```

その関数のメタデータにアクセスしようとすると、代わりにラッパークロージャのメタデータが返されます。

```
>>> greet._name_
'greet'
>>> greet._doc_
'Return a friendly greeting.'
```

```
>>> decorated_greet.__name__
'wrapper'
>>> decorated_greet.__doc__
…何も出力されない…
```

これでは、Python インタープリタでのデバッグや操作が難しくなってしまいます。あ
りがたいことに、手っ取り早い解決策があります。Python の標準ライブラリに含まれて
いる functools.wraps デコレータ[8] です。

functools.wraps をカスタムデコレータで使用すると、次に示すように、失われたメ
タデータをデコレートされていない関数からデコレータクロージャにコピーできます。

```
import functools

def uppercase(func):
    @functools.wraps(func)
    def wrapper():
        return func().upper()
    return wrapper
```

functools.wraps をデコレータから返されたラッパークロージャに適用すると、入力
関数の docstring やその他のメタデータが引き継がれます。

```
>>> @uppercase
... def greet():
...     """Return a friendly greeting."""
...     return 'Hello!'
...
>>> greet.__name__
'greet'
>>> greet.__doc__
'Return a friendly greeting.'
```

ベストプラクティスとして、カスタムデコレータを作成するときには常に functools.wraps
を使用することをお勧めします。それほど時間はかかりませんし、将来、自分自身（およ
び他の人）がデバッグの苦痛から解放されるでしょう。

---

[8] Python 公式ドキュメントの「functools.wraps」を参照。
https://docs.python.org/3/library/functools.html#functools.wraps

● **ここがポイント**

- デコレータは、呼び出し可能オブジェクトに適用してその振る舞いを変更できる、再利用可能な構成要素を定義する。そのために呼び出し可能オブジェクト自体を恒久的に書き換える必要はない。

- @構文は、入力関数でデコレータを呼び出すためのショートカットである。1つの関数に複数のデコレータを指定すると、デコレータが下から順番に適用される（デコレータスタック）。

- デバッグのベストプラクティスとして、カスタムデコレータでは常に`functools.wraps`ヘルパーを使用することで、元の（デコレートされていない）呼び出し可能オブジェクトのメタデータをデコレータされた呼び出し可能オブジェクトに引き継がせるべきである。

- ソフトウェア開発の他のツールと同様に、デコレータは決して万能ではなく、使いすぎに注意すべきである。「何かをなし遂げる」というニーズと、「メンテナンスできないほどひどいコードにならないようにする」という目標とのバランスをうまくとることが肝心である。

3.4 *args と**kwargs

筆者は以前、切れ者の Python 開発者とペアプログラミングを行ったことがあります。その開発者は、オプションパラメータやキーワードパラメータが含まれた関数定義を入力するたびに、「argh!」とか「kwargh!」と叫んでいました。それ以外の点では、私たちはうまくやっていました。きっとアカデミックな環境でプログラミングをしているとああなるのでしょう。

さて、このようにからかわれやすい*args パラメータと**kwargs パラメータですが、これらが Python において非常に有益な機能であることは間違いありません。そして、それらのポテンシャルを理解すれば、より有能な開発者になれるはずです。

*args パラメータと**kwargs パラメータは何に使用されるのでしょうか。これらを使用すると関数が**オプション**パラメータを受け取れるようになるため、カスタムモジュールやカスタムクラスで柔軟な API を作成できるようになります。

```
def foo(required, *args, **kwargs):
    print(required)
    if args:
        print(args)
    if kwargs:
        print(kwargs)
```

　この関数は、少なくとも required という引数を 1 つ要求しますが、それに加えて、位置パラメータとキーワードパラメータに対する引数も受け取ることができます。

　これらのオプションパラメータを使って関数を呼び出す場合はどうなるでしょうか。args はパラメータ名に*プレフィックスが付いているため、追加の位置パラメータに渡された引数をタプルにまとめます。

　同様に、kwargs はパラメータ名に**プレフィックスが付いているため、追加のキーワードパラメータに渡された引数をディクショナリにまとめます。

　これらのオプションパラメータに対する引数が関数に渡されない場合、args と kwargs はどちらも空になることがあります。

　さまざまなパラメータの組み合わせを持つ関数を呼び出すと、位置パラメータかキーワードパラメータかに応じて、それらの引数が args と kwargs にまとめられることがわかります。

```
>>> foo()
…略…
TypeError: foo() missing 1 required positional arg: 'required'

>>> foo('hello')
hello

>>> foo('hello', 1, 2, 3)
hello
(1, 2, 3)

>>> foo('hello', 1, 2, 3, key1='value', key2=999)
hello
(1, 2, 3)
{'key1': 'value', 'key2': 999}
```

　念のために述べておくと、args と kwargs という名前は慣例にすぎません。先の例は、パラメータの名前を*parms と**argv にしてもうまくいきます。実際の構文はアスタリスク（*）と二重のアスタリスク（**）だけです。

　ただし、混乱を避けるために（そして「argh!」や「kwargh!」と叫ぶ機会を逃さないためにも）、一般に認められている命名規則に従うことをお勧めします。

● オプションパラメータとキーワードパラメータの引数を転送する

　ある関数にオプションパラメータやキーワードパラメータがある場合は、それらに対する引数を別の関数に渡すことができます。その場合は、引数の転送先となる関数を呼び出

すときに、引数アンパック演算子*と**を使用します[9]。

その際には、引数を変更してから渡すこともできます。

```
def foo(x, *args, **kwargs):
    kwargs['name'] = 'Alice'
    new_args = args + ('extra', )
    bar(x, *new_args, **kwargs)
```

この手法はサブクラス化やラッパー関数の記述に役立つことがあります。たとえば、この方法を利用してスーパークラスの振る舞いを拡張することができます。そのようにすると、サブクラスでスーパークラスのコンストラクタのシグネチャ全体を複製する必要がなくなります。あなたが定義しているAPIが、あなたの知らないところで変更される可能性がある場合は、この方法が大きく役立つかもしれません。

```
class Car:
    def __init__(self, color, mileage):
        self.color = color
        self.mileage = mileage

class AlwaysBlueCar(Car):
    def __init__(self, *args, **kwargs):
        super().__init__(*args, **kwargs)
        self.color = 'blue'
```

```
>>> AlwaysBlueCar('green', 48392).color
'blue'
```

AlwaysBlueCarクラスのコンストラクタは、すべての引数をスーパークラスに渡して、内部属性を上書きするだけです。つまり、スーパークラスのコンストラクタが変化したとしても、AlwaysBlueCarは正常に動作するでしょう。

この場合の欠点は、AlwaysBlueCarクラスのコンストラクタのシグネチャがあまり参考にならなくなることです。スーパークラスを調べない限り、どの引数が要求されるのかはわかりません。

独自のクラス階層でこの手法を用いることはまずないでしょう。それよりも、あなたが手出しできない外部クラスの振る舞いを変更したり上書きしたりするために用いられることになるでしょう。

ただし、これは常に危険な領域なので、用心するに越したことはありません（そうしな

---

[9]　*と**については、3.5節を参照。

いとすぐに「argh!」と叫ぶ理由がもう 1 つできるかもしれません）。

デコレータなどのラッパー関数を記述する場合も、この手法が役立つ可能性があります。そのような場合はたいてい、デコレートされた関数に任意の引数を渡せるようにしたいと考えるでしょう。

そして、元の関数のシグネチャをコピー＆ペーストしなくてもそれができるようになれば、もっとメンテナンスしやすくなるかもしれません。

```python
import functools

def trace(f):
    @functools.wraps(f)
    def decorated_function(*args, **kwargs):
        print(f, args, kwargs)
        result = f(*args, **kwargs)
        print(result)
    return decorated_function

@trace
def greet(greeting, name):
    return '{}, {}!'.format(greeting, name)
```

```python
>>> greet('Hello', 'Bob')
<function greet at 0x1031c9158> ('Hello', 'Bob') {}
Hello, Bob!
```

このような手法を用いる場合、コードを十分に明確にしながら DRY（Don't Repeat Yourself）原則[10] に従うのは難しいことがあります。これは常に難しい選択です。同僚からセカンドオピニオンをもらえる場合はぜひそうしてください。

● ここがポイント

- *args と**kwargs を利用すれば、可変数の引数を持つ関数を記述できる。
- *args は追加の位置パラメータに対する引数をタプルにまとめる。**kwargs は追加のキーワードパラメータに対する引数をディクショナリにまとめる。
- 実際の構文は*と**であり、それらを args、kwargs と呼ぶのは慣例にすぎない（そして、その慣例に従うべきである）。

---

[10] https://en.wikipedia.org/wiki/Don't_repeat_yourself

3.5　　引数のアンパック

　*演算子と**演算子を使って関数の引数をタプルやディクショナリから「アンパック」できるというのは実にすばらしい機能です。とはいえ、少々難解でもあります。

　そこで、例として使用する簡単な関数を定義してみましょう。

```
def print_vector(x, y, z):
    print('<%s, %s, %s>' % (x, y, z))
```

　この関数は、3つの引数（x、y、z）を受け取り、それらをきれいにフォーマットした上で出力します。この関数を使って、プログラムで3次元ベクトルをきれいに出力することもできます。

```
>>> print_vector(0, 1, 0)
<0, 1, 0>
```

　3次元ベクトルを表すためにどのデータ構造を選択するかによっては、print_vector関数を使って出力するのは少し面倒かもしれません。たとえば、ベクトルがタプルまたはリストとして表される場合は、それらを出力するときに各要素のインデックスを明示的に指定しなければなりません。

```
>>> tuple_vec = (1, 0, 1)
>>> list_vec = [1, 0, 1]
>>> print_vector(tuple_vec[0], tuple_vec[1], tuple_vec[2])
<1, 0, 1>
```

　通常の関数呼び出しで引数を個別に指定するのは意味もなく冗長で手間のかかる方法に思えます。ベクトルオブジェクトを3つの成分に「展開」し、まとめてprint_vector関数に渡すだけでよいとしたら、ずっと便利ではないでしょうか[11]。

　ありがたいことに、Pythonでは、この状況にもっとうまく対処できます。*演算子による引数の**アンパック**（unpacking）を利用するのです。

```
>>> print_vector(*tuple_vec)
<1, 0, 1>
>>> print_vector(*list_vec)
<1, 0, 1>
```

---

[11]　もちろん、print_vectorを再定義し、ベクトルオブジェクトを単一の引数として渡せるようにしようと思えばできないことはないが、例を単純に保つために、その選択肢は考えないことにする。

　関数呼び出しにおいてイテラブルの前に*を付けると、そのイテラブルがアンパックされ、その要素が別々の位置引数として呼び出された関数に渡されます。

　この手法は、ジェネレータ式を含め、どのイテラブルでもうまくいきます。*演算子をジェネレータで使用すると、ジェネレータの要素がすべて取り出されて関数に渡されます。

```
>>> genexpr = (x * x for x in range(3))
>>> print_vector(*genexpr)
<0, 1, 4>
```

　タプル、リスト、ジェネレータなどのシーケンスをアンパックする*演算子の他に、ディクショナリのキーワード引数をアンパックする**演算子もあります。ベクトルが次のdictオブジェクトとして表されていたとしましょう。

```
>>> dict_vec = {'y': 0, 'z': 1, 'x': 1}
```

　先ほどと同じように、**演算子を使ってこのディクショナリをアンパックし、print_vectorに渡すことができます。

```
>>> print_vector(**dict_vec)
<1, 0, 1>
```

　ディクショナリには順序がないため、ディクショナリの値と関数の引数はディクショナリのキーに基づいて照合されます。x引数には、ディクショナリの'x'キーに紐付けられた値が渡されます。

　ディクショナリのアンパックに*演算子を使用する場合、それらのキーはランダムな順序で関数に渡されることになります。

```
>>> print_vector(*dict_vec)
<y, x, z>
```

　Pythonの引数のアンパックは、何もしなくても最初から非常に柔軟です。多くの場合、これはプログラムに必要なデータ型をクラスとして実装する必要がないことを意味します。このため、タプルやリストといった組み込みの単純なデータ構造を使用すれば十分であり、コードの複雑さを低減するのに役立ちます。

● **ここがポイント**

- *演算子と**演算子はシーケンスやディクショナリから引数を「アンパック」するために使用できる。
- 引数のアンパックをうまく利用すれば、独自のモジュールや関数のより柔軟なインターフェイスを作成するのに役立つ。

3.6　ここから返すものは何もない

　Python では、すべての関数の最後に暗黙の return None 文が追加されます。このため、関数が戻り値を指定しない場合は、デフォルトで None が返されます。

　つまり、return None 文を単なる return 文と置き換えたり、完全に省略したりしても、結果は同じになります。

```
def foo1(value):
    if value:
        return value
    else:
        return None

def foo2(value):
    """単なる return 文は'return None'と同じ意味になる"""
    if value:
        return value
    else:
        return

def foo3(value):
    """return 文を省くと'return None'と同じ意味になる"""
    if value:
        return value
```

　これら 3 つの関数は、唯一の引数として False と見なされる値を渡した場合、どれも正しく None を返します。

```
>>> type(foo1(0))
<class 'NoneType'>

>>> type(foo2(0))
<class 'NoneType'>

>>> type(foo3(0))
<class 'NoneType'>
```

さて、各自の Python コードでこの機能を利用するのはどのようなときでしょうか。

筆者の経験則では、関数に**戻り値がない**場合は return 文を省略することにしています（他の言語では、このような関数を**プロシージャ**と呼びます）。return 文を追加しても余計なだけです。Python の組み込み関数 print はプロシージャの例です。この関数は副作用（テキストの出力）を目的として呼び出されるだけで、戻り値を受け取る目的では呼び出されません。

Python に組み込まれている sum のような関数について考えてみましょう。sum 関数には合理的な戻り値があり、副作用のみを目的として呼び出されることはまずありません。この関数の目的は、一連の数字を足し合わせ、その結果を提供することにあります。関数に合理的な戻り値がある場合は、暗黙の return 文を使用するかどうかを判断する必要があります。

明示的な return None 文を省略するとコードがより簡潔になるため、読みやすく理解しやすいコードになるという見方もあります。主観的には、コードが「よりきれい」になるとも言えます。

その一方で、Python がこのような振る舞いをすることに驚くプログラマもいるでしょう。メンテナンスしやすいきれいなコードを記述することに関しては、予想外の振る舞いがよい兆候だったためしがありません。

たとえば、本書の改訂前の版では、サンプルコードの 1 つで「暗黙の return 文」が使用されていました。Python の他の機能を説明するための手頃なサンプルコードがあればよかったので、筆者はそのことに言及しませんでした。

そのうち、そのサンプルコードに「return 文がない」ことを指摘するメールが続々と届くようになりました。Python の暗黙的な return 文の振る舞いは誰から見ても明白なものではなかったようで、この場合は読者にとってじゃまな存在となっていました。そこで、状況を明らかにする注釈を追加したところ、メールは来なくなりました。

誤解しないでほしいのですが、筆者は「美しい」コードを書きたいと人一倍思っています。そしてプログラマたるもの、使用している言語のことは何もかも知っていて当然だと思い込んでいました。

しかし、そうした些細な誤解でさえメンテナンスに影響を与えることを考えれば、より明確なコードを書く習慣を身につけるほうが合理的かもしれません。結局のところ、**コードはコミュニケーション**なのですから。

● ここがポイント

- 関数に戻り値が指定されていない場合は None が返される。明示的に None を返すかどうかはスタイルの問題である。

- 暗黙の return None 文は Python のコア機能だが、明示的な return None 文を

使用するほうが、意図がより明確に伝わるかもしれない。

## CHAPTER 4

クラスとオブジェクト指向プログラミング

4.1　オブジェクトの比較：”is”と”==”

　筆者が子供の頃、近所に双子の猫がいました。2匹の猫は見た目がそっくりで、濃い灰色の毛並も鋭い緑の目も同じでした。性格の違いは別にして、見た目だけでは見分けがつきませんでした。ですがもちろん、2匹は別々の猫であり、見た目がまったく同じであるとはいえ、別々の存在でした。

　筆者はこのことをきっかけに、**同等**であることと**同一**であることの違いを理解しています。そして、Pythonの比較演算子 is と==の振る舞いを理解する上で、この違いがきわめて重要となります。

　==演算子による比較では、**同等性**をチェックします。2匹の猫がPythonオブジェクトだったとすれば、それらを==演算子で比較すると、「どちらの猫も同等」という答えが返ってくるでしょう。

　これに対し、is 演算子による比較では、**同一性**をチェックします。2匹の猫を is 演算子で比較すると、「2匹は別々の猫」という答えが返ってくるでしょう。

　この猫のたとえで毛糸玉のようにすっかりこんがらかってしまう前に、実際のPythonコードを見てみましょう。

　まず、新しいリストオブジェクトを作成し、aという名前を付けます。次に、そのリストオブジェクトを指すもう1つの変数bを定義します。

```
>>> a = [1, 2, 3]
>>> b = a
```

　この2つの変数を調べてみましょう。これらの変数が指しているリストはまったく同じものに見えます。

```
>>> a
[1, 2, 3]
>>> b
[1, 2, 3]
```

　2 つのリストオブジェクトは見た目が同じなので、==演算子を使ってそれらが同等かど
うかをチェックすると、期待どおりの結果が得られます。

```
>>> a == b
True
```

　ただし、このような比較からは、a と b が実際に同じオブジェクトを指しているかどう
かはわかりません。先ほど代入したのでそれらが同じオブジェクトを指していることはも
ちろんわかっていますが、そのことを知らないとしたら、どのようにして調べればよいの
でしょう。
　その答えは、両方の変数を is 演算子で比較することです。これにより、2 つの変数が
実際に 1 つのリストオブジェクトを指していることが証明されます。

```
>>> a is b
True
```

　このリストオブジェクトとまったく同じコピーを作成したらどうなるでしょうか。既存
のリストで list 関数を呼び出してコピーを作成し、c という名前を付けたとしましょう。

```
>>> c = list(a)
```

　この場合も、新たに作成したリストは a と b が指しているリストオブジェクトと同じも
のに見えます。

```
>>> c
[1, 2, 3]
```

　おもしろくなるのはここからです。==演算子を使って、リストのコピー c を最初のリス
ト a と比較してみましょう。どのような答えが返されるでしょうか。

```
>>> a == c
True
```

　期待どおりの結果だったのではないでしょうか。この結果から、c と a の中身が同じで
あることがわかります。それらは Python によって等しいと見なされます。それはよいと
して、c と a は実際に同じオブジェクトを指しているのでしょうか。is 演算子を使って調
べてみましょう。

```
>>> a is c
False
```

おっと、どうやらそうではないようです。Python は、c と a の中身が同じであったと
しても、これらが別々のオブジェクトを指していると考えています。

ここで、is と==の違いを簡単な定義にまとめてみましょう。

- is 式は、2 つの変数が指しているオブジェクトが同じ（同一）である場合に True
  と評価される
- ==式は、2 つの変数が指しているオブジェクトが等しい（中身が同じである）場
  合に True と評価される

Python で is と==のどちらを使用するのかを決めなければならない場合は、双子の猫
（または犬）を思い浮かべてみてください。

4.2　文字列変換：すべてのクラスに__repr__が必要

Python でカスタムクラスを定義した後、そのインスタンスの 1 つをコンソールに出力
しようとすると（またはインタープリタセッションでそのインスタンスを調べようとする
と）、たいてい満足のいかない結果に終わります。デフォルトの「文字列への」変換は基本
的なもので、細かい部分までは配慮されていないからです。

```python
class Car:
    def __init__(self, color, mileage):
        self.color = color
        self.mileage = mileage
```

```
>>> my_car = Car('red', 37281)
>>> print(my_car)
<__main__.Car object at 0x109b73da0>
>>> my_car
<__main__.Car object at 0x109b73da0>
```

デフォルトでは、オブジェクトインスタンスのクラス名と id（CPython ではオブジェ
クトのメモリアドレス）が返されるだけです。何もないよりはましですが、特に役立つ情
報ではありません。

そこで、この問題に対処するために、クラスの属性を直接出力するか、カスタムメソッ

ド to_string をクラスに追加しようと考えたとしましょう。

```
>>> print(my_car.color, my_car.mileage)
red 37281
```

全体的な考え方は間違っていないのですが、この方法は、オブジェクトを文字列として表現するための Python の規約や組み込みのメカニズムを無視しています。

文字列への変換のメカニズムを独自に構築するよりも、ダンダーメソッド[1] __str__ と __repr__ をクラスに追加するほうが賢明です。これらのメソッドは、さまざまな状況でオブジェクトが文字列に変換される方法を制御するパイソニックな手段です[2]。

これらのメソッドが実際にどのような働きをするのか見てみましょう。まず、先ほど定義した Car クラスに __str__ メソッドを追加します。

```
class Car:
    def __init__(self, color, mileage):
        self.color = color
        self.mileage = mileage

    def __str__(self):
        return f'a {self.color} car'
```

ここで Car インスタンスを出力してみると、先ほどとは違って、結果が少し改善されます。

```
>>> my_car = Car('red', 37281)
>>> print(my_car)
a red car
>>> my_car
<__main__.Car object at 0x109ca24e0>
```

Car オブジェクトを調べてみると、先ほどと同じようにオブジェクトの id が出力されます。ただし、オブジェクトを print で出力すると、追加した __str__ メソッドによって返された文字列が表示されます。

__str__ は Python のダンダーメソッドの 1 つであり、利用可能なさまざまな手段でオブジェクトを文字列に変換しようとしたときに呼び出されます。

---

[1] ダンダーメソッドについては、2.4 節と 2.5 節を参照。

[2] Python 公式ドキュメントの「object.__repr__()」を参照。
https://docs.python.org/3.6/reference/datamodel.html#object.__repr__

```
>>> print(my_car)
a red car
>>> str(my_car)
'a red car'
>>> '{}'.format(my_car)
'a red car'
```

　__str__を正しく実装すれば、オブジェクトの属性を直接出力したり、to_string メソッ
ドを別途記述したりする必要はなくなります。__str__は文字列変換を制御するパイソニッ
クな手段です。

　ちなみに、Python のダンダーメソッドを「マジックメソッド」と呼ぶ人もいます。しか
し、これらのメソッドは決して「魔法」のようなものではありません。メソッド名の前後
に二重のアンダースコアが付いているのは、それらが Python のコア機能であることを示
す命名規則にすぎません。また、この命名規則はカスタムメソッドやカスタム属性との名
前の衝突を回避するのにも役立ちます。同じことがオブジェクトコンストラクタ__init__
にも当てはまります。魔法のようなものや不可解なものは何もありません。

　Python のダンダーメソッドを使用することをためらわないでください。ダンダーメソッ
ドはあなたを助けるためにあるのです。

● __str__と__repr__

　さて、この文字列変換の話はまだ終わっていません。インタープリタセッションでmy_car
を調べたときには、依然として<__main__.Car object at 0x109ca24e0>という奇妙な
結果が返されました。

　このような結果が返されたのは、Python 3 にはオブジェクトから文字列への変換方法
を制御するダンダーメソッドが実は**2つ**あるからです。1つ目は、先ほど説明した__str__
メソッドです。そして2つ目は、__repr__メソッドです。このメソッドは__str__と同じよ
うな働きをしますが、使用される状況が少し異なります（Python 2.x には、__unicode__
メソッドもあります。このメソッドについては後ほど取り上げます）。

　__str__と__repr__がどのような状況で使用されるのかがわかるよう、簡単な実験をして
みましょう。Car クラスの定義を見直し、「文字列への変換」を行うダンダーメソッドを両
方とも追加して、それらを出力で簡単に見分けられるようにしてみましょう。

```
class Car:
    def __init__(self, color, mileage):
        self.color = color
        self.mileage = mileage
```

```
    def __repr__(self):
        return '__repr__ for Car'

    def __str__(self):
        return '__str__ for Car'
```

　先ほどと同じコードを実行すると、それぞれのケースで文字列変換の結果を制御するのはどちらかのメソッドであるかがわかります。

```
>>> my_car = Car('red', 37281)
>>> print(my_car)
__str__ for Car
>>> '{}'.format(my_car)
'__str__ for Car'
>>> my_car
__repr__ for Car
```

　この実験から、Python インタープリタセッションでオブジェクトを調べると、オブジェクトの__repr__による結果が出力されることもわかります。

　興味深いことに、リストやディクショナリといったコンテナは、それらに含まれているオブジェクトを表すために常に__repr__の結果を使用します。コンテナ自体で str を呼び出しても、次のようになります。

```
>>> str([my_car])
'[__repr__ for Car]'
```

　たとえばコードの意図をより明確に表現するために、どちらかの文字列変換メソッドを明示的に選択するとしたら、最もよいのは組み込み関数 str と repr を使用することです。オブジェクトの__str__メソッドや__repr__メソッドを直接呼び出すよりも、これらの関数を使用するほうが望ましく、より読みやすいコードで同じ結果が得られます。

```
>>> str(my_car)
'__str__ for Car'
>>> repr(my_car)
'__repr__ for Car'
```

　この調査を終えた後も、__str__と__repr__の「現実的な」違いを知りたいと考えているかもしれません。どちらのメソッドも同じ目的に使用されるようであり、それぞれを使用すべき状況がよくわからないかもしれません。

　そうした疑問を解決するなら、通常は Python の標準ライブラリがどのように対応して

いるのかを調べてみるのが得策です。そこで、別の実験として`datetime.date`オブジェクトを作成してみましょう。このオブジェクトは文字列変換を制御するために`__repr__`と`__str__`をどのように使用するでしょうか。

```
>>> import datetime
>>> today = datetime.date.today()
```

`date`オブジェクトの`__str__`メソッドの結果は何よりまず**読みやすい**ものでなければなりません。このメソッドは人が使用するための簡潔なテキスト表現（ユーザーに安心して表示できるもの）を返すように設計されています。このため、`date`オブジェクトで`str`関数を呼び出すと、ISOの日付フォーマットに似たものが返されます。

```
>>> str(today)
'2020-02-17'
```

`__repr__`メソッドは、**一義的**であることを最優先に設計されています。結果として得られる文字列はむしろ開発者のデバッグ支援ツールと意図されているほどです。そしてデバッグ支援ツールであるからには、このオブジェクトが何であるかをできるだけ明確にする必要があります。オブジェクトで`repr`関数を呼び出すと、より詳細な結果が返されるのはそのためです。この結果には、モジュールとクラスの完全名まで含まれています。

```
>>> repr(today)
'datetime.date(2020, 02, 17)'
```

`__repr__`から返された文字列をコピー＆ペーストすれば、元の`date`オブジェクトを再現する有効なPythonコードとして実行できるはずです。`repr`を自分で記述するときの大まかな目標として、このことを頭に入れておいてください。

とはいえ、これを実践するのがかなり難しいことはわかっています。通常は、わざわざそんなことをするのは割に合いませんし、余計な作業が増えるだけです。筆者自身の大まかな目標は、`__repr__`の文字列を開発者にとって一義的で役立つものにすることですが、オブジェクトの完全な状態を復元できることまでは期待していません。

● すべてのクラスに`__repr__`が必要なのはなぜか

`__str__`メソッドを追加しない場合、Pythonは`__str__`を探しているときに`__repr__`の結果を使用します。このため、カスタムクラスには少なくとも`__repr__`メソッドを追加するようにしてください。そうすれば、ほぼすべての状況で有益な文字列変換が保証されるようになり、実装作業も最小限で済みます。

そこで、カスタムクラスに基本的な文字列変換のサポートをすばやく追加する方法を見てみましょう。Car クラスの場合は、次の＿＿repr＿＿メソッドを追加することから始めるとよいでしょう。

```
def __repr__(self):
    return f'Car({self.color!r}, {self.mileage!r})'
```

変換フラグ!r を使用することで、出力文字列に str(self.color) と str(self.mileage)の代わりに repr(self.color) と repr(self.mileage) が使用されるようにしている点に注目してください。

この方法はうまくいきますが、フォーマット文字列の中にクラス名が含まれるという欠点があります。この繰り返しを回避するためのトリックは、オブジェクトの＿＿class＿＿.＿＿name＿＿属性を使用することです。この属性には常にクラスの名前が文字列として反映されます。

このようにすると、クラス名を変更するときに＿＿repr＿＿の実装を書き換える必要がなくなります。このため、DRY 原則に従いやすくなります。

```
def __repr__(self):
    return (f'{self.__class__.__name__}('f'{self.color!r}, {self.mileage!r})')
```

この実装の欠点は、フォーマット文字列がかなり長くて扱いにくいことです。ただし、うまくフォーマットすれば、コードをきちんと整理して PEP 8 に準拠した状態に保つことができます。

この＿＿repr＿＿実装により、オブジェクトを調べたり、repr 関数を直接呼び出したりするときに有益な結果が返されます。

```
>>> my_car = Car('red', 37281)
>>> repr(my_car)
"Car('red', 37281)"
```

デフォルトの＿＿str＿＿実装は＿＿repr＿＿を呼び出すだけなので、オブジェクトを出力したり、オブジェクトで str 関数を呼び出したりしたときも同じ文字列が返されます。

```
>>> print(my_car)
Car('red', 37281)
>>> str(my_car)
"Car('red', 37281)"
```

このようにすると、控えめな実装作業から最大限の価値が引き出されると筆者は考えています。このアプローチは、それほど熟考しなくても適用できる、かなり型にはまったも

のでもあります。このような理由により、筆者はカスタムクラスに基本的な__repr__実装
を常に追加することにしています。

Python 3 での完全な実装は次のようになります。参考までに__str__の実装も追加して
あります。

```python
class Car:
    def __init__(self, color, mileage):
        self.color = color
        self.mileage = mileage

    def __repr__(self):
        return (f'{self.__class__.__name__}('
                f'{self.color!r}, {self.mileage!r})')

    def __str__(self):
        return f'a {self.color} car'
```

● Python 2.x の相違点：__unicode__

Python 3 では、テキストを表すデータ型は全体で 1 つ（str）だけです。unicode 文字
を含め、str は世界中の表記法のほとんどを表すことができます。

Python 2.x が使用する文字列のデータモデルは、これとは異なるものです[3]。テキスト
を表すデータ型として str と unicode の 2 つがあります。str は ASCII 文字に限定され
ており、unicode は Python 3 の str に相当します。

この違いにより、Python 2 には、文字列変換を制御するさらにもう 1 つのダンダーメ
ソッド__unicode__があります。Python 2 の__str__は**バイト**を返し、__unicode__は**文字**
を返します。

実質的に見て、文字列変換を制御する手段としては__unicode__のほうが新しく、望ま
しい方法です。また、このメソッドに対応する組み込み関数 unicode も定義されていま
す。str 関数と repr 関数の仕組みと同様に、この関数は関連するダンダーメソッドを呼
び出します。

ここまではよいでしょう。Python 2 において__str__と__unicode__が呼び出される状況
に関するルールを調べてみると、事態は少しややこしくなります。

print 文と str 関数は、__str__を呼び出します。unicode 関数は、__unicode__が定義
されている場合はそれを呼び出します。このメソッドが定義されていない場合は__str__を
呼び出し、システムのテキストエンコーディングに基づいて結果をデコードします。

Python 3 と比較すると、こうした特例があるせいで、テキスト変換ルールは少し複雑

---

[3] Python 2 公式ドキュメントの「Data Model」を参照。
https://docs.python.org/2/reference/datamodel.html

です。とはいえ、実際にはやはり単純な方法があります。Python プログラムでのテキストの処理に推奨されるのは unicode 関数です。この関数は将来も使い続けられるように設計されています。

したがって、Python 2.x で一般的に推奨される方法は次のようになります。文字列フォーマットコードをすべて__unicode__メソッドに配置した上で、UTF-8 としてエンコードされた Unicode 表現を返す__str__のスタブ実装を作成するのです。

```
def __str__(self):
    return unicode(self).encode('utf-8')
```

__str__スタブはほとんどのクラスで同じになるため、必要に応じてそのままコピー&ペーストするだけでよいでしょう（または基底クラスで定義するという手もあります）。このようにすると、文字列変換コードがすべて__unicode__に含まれることになります。

Python 2.x での完全な実装は次のようになります。

```
class Car(object):
    def __init__(self, color, mileage):
        self.color = color
        self.mileage = mileage

    def __repr__(self):
        return '{}({!r}, {!r})'.format(self.__class__.__name__,
                                       self.color, self.mileage)

    def __unicode__(self):
        return u'a {self.color} car'.format(self=self)

    def __str__(self):
        return unicode(self).encode('utf-8')
```

● ここがポイント

- カスタムクラスでの文字列変換はダンダーメソッド__str__および__repr__を使って制御できる。
- __str__の結果は読みやすいものでなければならず、__repr__の結果は一義的でなければならない。
- カスタムクラスには常に__repr__を追加する。__str__のデフォルトの実装は__repr__を呼び出すだけである。
- Python 2 では、__str__の代わりに__unicode__を使用する。

4.3　カスタム例外クラスを定義する

　Python を使い始めたとき、筆者はカスタム例外クラスを記述することに抵抗を感じて
いました。しかし、カスタムエラー型を定義することには大きな価値があるかもしれませ
ん。潜在的なエラーが目立つようになり、結果として、カスタム関数やカスタムモジュー
ルのメンテナンスが容易になります。また、カスタムエラー型を使って追加のデバッグ情
報を提供することもできます。

　これらはどれも Python コードの改善につながるものであり、コードを理解したり、デ
バッグしたり、メンテナンスしたりするのが容易になります。カスタム例外クラスの定義
は、いくつかの単純な例に分解してみれば、それほど難しいものではありません。ここで
は、カスタム例外クラスを定義するときに覚えておかなければならない主なポイントを紹
介します。

　アプリケーション内で人の名前を表す入力文字列を検証したいとしましょう。名前検証
関数をトイプログラムとして定義すると次のようになります。

```
def validate(name):
    if len(name) < 10:
        raise ValueError
```

　検証に失敗した場合は、ValueError 例外が送出されます。これは適切な措置であり、
すでにパイソニックに思えます。ここまではよいでしょう。

　しかし、ValueError のような汎用的な例外クラスの使用には欠点もあります。たとえ
ば、チームメンバーの 1 人が validate 関数をライブラリの一部として呼び出すとしま
しょう。このメンバーはこの関数の内部がどうなっているのかをよく知りません。名前の
検証が失敗した場合、デバッグ時のスタックトレースは次のようになります。

```
>>> validate('joe')
Traceback (most recent call last):
  File "<stdin>", line 1, in <module>
  File "<stdin>", line 3, in validate
    raise ValueError
ValueError
```

　このスタックトレースはあまり助けになりません。もちろん、何か問題が起きたことと、
その問題が何らかの「不正な値」と関係があることはわかりますが、この問題を解決する
ためにチームメンバーが validate 関数の実装を調べなければならないことはほぼ確実で
す。しかし、コードを読むには時間がかかります。そして、その時間はすぐに膨れ上が
る可能性があります。

ありがたいことに、もっとよい方法があります。名前の検証が失敗したことを表すカスタム例外型を導入するのです。新しい例外クラスには Python の組み込みクラスである ValueError を継承させますが、その例外を見ただけで何が起きたかがわかるような名前にします。

```python
class NameTooShortError(ValueError):
    pass

def validate(name):
    if len(name) < 10:
        raise NameTooShortError(name)
```

NameTooShortError はこれで完成です。NameTooShortError は、組み込みクラス ValueError を拡張する「自己文書化」された例外型です。一般に、カスタム例外はルートクラス Exception の派生クラスにするか、ValueError や TypeError などの組み込み例外の派生クラスにするとよいでしょう。どちらでも適切だと思えるほうを選択してください。

また、validate 関数の中で NameTooShortError をインスタンス化する際、そのコンストラクタに name 変数をどのように渡しているのか確認してください。この新しい実装により、チームメンバーにとってはるかに親切なスタックトレースが生成されます。

```
>>> validate('jane')
Traceback (most recent call last):
  File "<stdin>", line 1, in <module>
  File "<stdin>", line 3, in validate
    raise NameTooShortError(name)
__main__.NameTooShortError: jane
```

もう一度チームメンバーの立場になって考えてみてください。カスタム例外クラスを使用すれば、何か問題が起きたときに（いつかは必ずそうなります）、状況をはるかに理解しやすくなります。

コードベースに 1 人で取り組んでいる場合にも同じことが当てはまります。コードがうまく構造化されていれば、数週間あるいは数か月先のコードのメンテナンスがはるかに容易になるでしょう。

単純な例外クラスの定義に 30 秒ほど費やしただけで、このコードのコミュニケーション能力はすでにだいぶ高まっています。ですが、さらに作業を続けましょう。まだ終わりではありません。

Python パッケージを一般に公開したり、社内で使用するための再利用可能なモジュールを作成したりする場合も、そのモジュール用のカスタム例外クラスを作成し、他の例外

をすべてその派生クラスにするのがよいプラクティスです。

　そこで、モジュールやパッケージのすべての例外をカバーするカスタム例外階層の作成方法を見てみましょう。最初の手順は、具体的なエラーのすべてが継承する基底クラスを宣言することです。

```python
class BaseValidationError(ValueError):
    pass
```

　このようにすると、「現実」のエラークラスをすべて基底エラークラスから派生させることができます。余分な作業をほとんど行わなくても、非常にきれいな例外階層ができあがります。

```python
class NameTooShortError(BaseValidationError):
    pass

class NameTooLongError(BaseValidationError):
    pass

class NameTooCuteError(BaseValidationError):
    pass
```

　たとえば、このパッケージのユーザーは、このパッケージのエラーをすべて処理できる次のような try...except 文を記述できます。このようにすると、それらのエラーをいちいちキャッチする必要がなくなります。

```python
try:
    validate(name)
except BaseValidationError as err:
    handle_validation_error(err)
```

　同じようにして、より具体的な例外をキャッチすることもできます。ただし、そうしたくなければ、少なくとも except 文ですべての例外をキャッチする必要はありません。この方法は一般にアンチパターンと見なされています。というのも、無関係なエラーを黙って飲み込んでしまうため、プログラムのデバッグがかなり難しくなることがあるからです。

　もちろん、この考え方をさらに進めて、これらの例外をサブ階層に論理的に分類することもできます。ただし、やりすぎると意味もなく複雑になってしまうので、くれぐれも注意してください。

　まとめてみましょう。カスタム例外クラスを定義すると、EAFP（Easier to Ask for

Forgiveness than Permission) コーディングスタイル[4] を導入しやすくなります。EAFP
はよりパイソニックなコーディングスタイルと見なされています。

● **ここがポイント**

- カスタム例外型を定義すると、コードの意図がより明確になり、デバッグが容易
  になる。
- カスタム例外は、Python の組み込みクラス `Exception` か、`ValueError` や
  `KeyError` といったより具体的な例外クラスから派生させる。
- 継承を使用することで、論理的に分類された例外階層を定義できる。

4.4 趣味と実益を兼ねたクローンオブジェクトの作成

Python の代入文は、名前をオブジェクトにバインドするだけであり、オブジェクトの
コピーは作成しません。イミュータブル（不変）なオブジェクトでは、通常は大きな違い
はありません。

しかし、ミュータブル（可変）なオブジェクトやそうしたオブジェクトのコレクション
を扱っている場合は、オブジェクトの「リアルなコピー」や「クローン」を作成する方法
が知りたいことがあります。

要するに、書き換えることが可能なコピーが必要だが、元のオブジェクトが同時に書き
換えられてしまうのは避けたい、という場合があります。ここでは、Python でオブジェ
クトをコピーする —— つまり、オブジェクトのクローンを作成する方法と、その際の注
意点をざっと説明することにします。

まず、Python の組み込みのコレクションをコピーする方法から見てみましょう。リス
ト、ディクショナリ、セットといった組み込みのミュータブルなコレクションは、既存の
コレクションでそれらのファクトリ関数を呼び出すという方法でコピーできます。

```
new_list = list(original_list)
new_dict = dict(original_dict)
new_set = set(original_set)
```

ただし、この方法はカスタムオブジェクトではうまくいきません。しかも、この方法で
は**浅いコピー**が作成されるだけです。リスト、ディクショナリ、セットといった複合オブ

---

[4] **[訳注]**：「許可を得るよりも許しを請うほうが容易」というマーフィーの法則に基づいている。
この場合は、仮定が偽と評価された場合に例外がキャッチされることを前提とする Python の一般的な
コーディングスタイルを指している。
https://docs.python.org/3/glossary.html#term-eafp

ジェクトでは、**浅い**コピーと**深い**コピーの間に重要な違いがあります。

　浅いコピーは、新しいコレクションオブジェクトを生成し、元のオブジェクトに含まれている子オブジェクトへの参照を設定するもので、**シャローコピー**（shallow copy）とも呼ばれます。要するに、浅いコピーの深さは1レベルしかありません。このコピープロセスは再帰的に実行されないため、子オブジェクトのコピーは作成されません。

　これに対し、**ディープコピー**（deep copy）とも呼ばれる**深いコピー**のコピープロセスは再帰的です。つまり、最初に新しいコレクションオブジェクトを生成した後、元のオブジェクトに含まれている子オブジェクトのコピーを再帰的に設定します。この方法でオブジェクトをコピーすると、オブジェクトツリー全体が処理され、元のオブジェクトとそのすべての子からなる完全なクローンが作成されます。

　説明はこれくらいにして、例を見ながら深いコピーと浅いコピーの違いを理解することにしましょう。

● 浅いコピーを作成する

　次の例では、入れ子のリストを新たに作成し、ファクトリ関数 list を使って浅いコピーを作成します。

```
>>> xs = [[1, 2, 3], [4, 5, 6], [7, 8, 9]]
>>> ys = list(xs)            # 浅いコピーを作成
```

　これにより、ys は xs と同じ内容を持つ新たな独立したオブジェクトになります。このことを確認するために、両方のオブジェクトを調べてみましょう。

```
>>> xs
[[1, 2, 3], [4, 5, 6], [7, 8, 9]]
>>> ys
[[1, 2, 3], [4, 5, 6], [7, 8, 9]]
```

　ys が元のオブジェクトから本当に独立しているかどうかを確認するために、簡単な実験をしてみましょう。元のオブジェクト（xs）に新しいサブリストを追加し、この変更がコピー（ys）に影響を与えないことを確認します。

```
>>> xs.append(['new sublist'])
>>> xs
[[1, 2, 3], [4, 5, 6], [7, 8, 9], ['new sublist']]
>>> ys
[[1, 2, 3], [4, 5, 6], [7, 8, 9]]
```

このように、結果は期待どおりでした。コピー元のリストに「表面的な」レベルで変更を加えても、問題はまったくありませんでした。

ただし、元のリストの**浅い**コピーを作成しただけなので、ys に含まれているのが、xs に格納されている元の子オブジェクトへの参照であることに変わりはありません。

それらの子オブジェクトはコピーされておらず、コピー先のリストで再び参照されているだけです。

このため、xs の子オブジェクトの 1 つを変更すると、その変更は ys にも反映されます。なぜなら、**両方のリストで同じ子オブジェクトを共有している**からです。そのコピーは深さが 1 レベルの浅いコピーにすぎません。

```
>>> xs[1][0] = 'X'
>>> xs
[[1, 2, 3], ['X', 5, 6], [7, 8, 9], ['new sublist']]
>>> ys
[[1, 2, 3], ['X', 5, 6], [7, 8, 9]]
```

この例では、（見たところ）xs に変更を加えただけですが、xs と ys の両方でインデックス 1 にあるサブリストが変更されています。このことも、元のリストの**浅い**コピーを作成しただけであることに起因しています。

最初から xs の**深い**コピーを作成していれば、両方のオブジェクトが完全に独立していたはずです。これがオブジェクトの浅いコピーと深いコピーの実質的な違いです。

組み込みのコレクションクラスの浅いコピーを作成する方法と、浅いコピーと深いコピーの違いがこれでわかりました。しかし、次の点はまだ明らかになっていません。

- 組み込みのコレクションの深いコピーを作成するにはどうすればよいか
- カスタムクラスを含め、任意のオブジェクトの（浅い／深い）コピーを作成するにはどうすればよいか

これらの質問に対する答えは、Python の標準ライブラリの copy モジュールにあります。このモジュールは、任意の Python オブジェクトの浅いコピーと深いコピーを作成するためのシンプルなインターフェイスを提供します。

● 深いコピーを作成する

ここでもリストをコピーする先の例を使用しますが、重要な違いが 1 つあります。今回は、copy モジュールで定義されている deepcopy 関数を使って**深い**コピーを作成します。

```
>>> import copy
>>> xs = [[1, 2, 3], [4, 5, 6], [7, 8, 9]]
>>> zs = copy.deepcopy(xs)
```

zs は copy.deepcopy 関数を使って作成したクローンです。xs と zs を調べてみると、先の例と同じように、この2つがやはり同じものに見えます。

```
>>> xs
[[1, 2, 3], [4, 5, 6], [7, 8, 9]]
>>> zs
[[1, 2, 3], [4, 5, 6], [7, 8, 9]]
```

ただし、元のオブジェクト（xs）で子オブジェクトの1つを変更しても、この変更が深いコピー（zs）に影響を与えないことがわかります。

今回は、元のオブジェクトもコピーも完全に独立しています。xs は、そのすべての子オブジェクトを含めて、再帰的にコピーされています。

```
>>> xs[1][0] = 'X'
>>> xs
[[1, 2, 3], ['X', 5, 6], [7, 8, 9]]
>>> zs
[[1, 2, 3], [4, 5, 6], [7, 8, 9]]
```

これらの例を Python インタープリタで今すぐ試してみてください。オブジェクトのコピーについては、例を直接試してみたほうがすんなり理解できます。

ちなみに、copy モジュールの関数を使って浅いコピーを作成することもできます。copy.copy 関数はオブジェクトの浅いコピーを作成します。

この方法は、コードのどこかで浅いコピーを作成していることを明確に伝える必要がある場合に役立ちます。copy.copy 関数を使用すると、そのことが明確に伝わるからです。ただし、リスト、ディクショナリ、セットといった組み込みのコレクションに関しては、それぞれのファクトリ関数を使って浅いコピーを作成するほうがパイソニックと見なされます。

● 任意のオブジェクトをコピーする

カスタムクラスを含め、任意のオブジェクトの（浅い／深い）コピーを作成するにはどうすればよいか、という質問にはまだ答えていません。次は、その方法を見てみましょう。

ここでも copy モジュールが役立ちます。このモジュールの copy 関数と deepcopy 関数を使用すれば、任意のオブジェクトをコピーできます。

これらの関数の使い方を理解するには、やはり簡単な実験をしてみるのが一番です。リストをコピーする先の例をベースに、単純な2次元座標クラス Point を定義することから始めましょう。

```python
class Point:
    def __init__(self, x, y):
        self.x = x
        self.y = y

    def __repr__(self):
        return f'Point({self.x!r}, {self.y!r})'
```

この定義がすんなり理解できるとよいのですが。ここでは__repr__の実装を追加することで、このクラスから作成されたオブジェクトを Python インタープリタで簡単にチェックできるようにしています。

次に、Point クラスをインスタンス化し、copy モジュールを使ってその（浅い）コピーを作成します。

```python
>>> import copy
>>> a = Point(23, 42)
>>> b = copy.copy(a)
```

元の Point オブジェクトとその浅いクローンの内容を調べてみると、期待どおりの結果になります

```python
>>> a
Point(23, 42)
>>> b
Point(23, 42)
>>> a is b
False
```

ここで注意しておきたい点がもう1つあります。この Point オブジェクトは座標を表すためにプリミティブ型（int）を使用するため、この場合は浅いコピーと深いコピーの間に違いはありません。ただし、この後すぐに、この例を拡張することにします。

もう少し複雑な例として、四角形を表す別のクラスを定義します。ただし、より複雑なオブジェクト階層を作成できるようにしたいので、四角形の座標を Point オブジェクトで表すことにします。

```python
class Rectangle:
    def __init__(self, topleft, bottomright):
        self.topleft = topleft
        self.bottomright = bottomright

    def __repr__(self):
        return (f'Rectangle({self.topleft!r}, '
                f'{self.bottomright!r})')
```

この場合も、まず Rectangle インスタンスの浅いコピーを作成します。

```python
>>> rect = Rectangle(Point(0, 1), Point(5, 6))
>>> srect = copy.copy(rect)
```

元の Rectangle オブジェクトとそのコピーを調べてみると、__repr__ のオーバーライドがいかにうまくできているかがわかります。そして浅いコピーの処理は期待どおりです。

```python
>>> rect
Rectangle(Point(0, 1), Point(5, 6))
>>> srect
Rectangle(Point(0, 1), Point(5, 6))
>>> rect is srect
False
```

先のリストの例では、深いコピーと浅いコピーの違いを具体的に示しましたが、ここでも同じ手法を用いることにします。オブジェクト階層のより深い場所でオブジェクトに変更を加えると、この変更が浅いコピーにも反映されるはずです。

```python
>>> rect.topleft.x = 999
>>> rect
Rectangle(Point(999, 1), Point(5, 6))
>>> srect
Rectangle(Point(999, 1), Point(5, 6))
```

これが期待どおりの振る舞いであったことを願っています。次に、元の Rectangle オブジェクトの深いコピーを作成し、新たな変更を加えて、その影響がどのオブジェクトにおよぶのか見てみましょう。

```python
>>> drect = copy.deepcopy(srect)
>>> drect.topleft.x = 222
>>> drect
Rectangle(Point(222, 1), Point(5, 6))
```

```
>>> rect
Rectangle(Point(999, 1), Point(5, 6))
>>> srect
Rectangle(Point(999, 1), Point(5, 6))
```

　いかがでしょう。深いコピー（drect）は元のオブジェクト（rect）と浅いコピー（srect）
から完全に独立しています。

　ここでは広い範囲をカバーしましたが、オブジェクトのコピーに関しては、まだ細かな
点がいくつかあります。

　このトピックを「深く」掘り下げると勉強になるため、copy モジュールのドキュメント[5] を
よく読んでみるとよいかもしれません。たとえば、オブジェクトに__copy__、__deepcopy__
という特別なメソッドを定義すれば、そのオブジェクトのコピー方法を制御できるように
なります。

● ここがポイント

- オブジェクトの浅いコピーの作成では、子オブジェクトはコピーされない。この
  ため、コピーは元のオブジェクトから完全に独立していない。
- オブジェクトの深いコピーは子オブジェクトのクローンを再帰的に作成する。ク
  ローンは元のオブジェクトから完全に独立しているが、深いコピーの作成にはよ
  り時間がかかる。
- copy モジュールを使用すると、任意のオブジェクト（カスタムクラスを含む）を
  コピーできる。

4.5　抽象基底クラスは継承に待ったをかける

　抽象基底クラスは、派生クラスに基底クラスの特定のメソッドを確実に実装させるため
のものです。ここでは、抽象基底クラスの利点と、Python の組み込みモジュール abc を
使って抽象基底クラスを定義する方法について見ていきます。

　では、抽象基底クラスはどのように役立つのでしょうか。少し前になりますが、筆者は
職場で、メンテナンスしやすいクラス階層を Python で実装するためのパターンについて
話し合っていました。もう少し具体的に言うと、サービスバックエンド用の単純なクラス
階層を定義していたのですが、できるだけメンテナンスしやすく、プログラマにとって使

---

[5]　Python 公式ドキュメントの「Shallow and deep copy operations」を参照。
https://docs.python.org/3/library/copy.html

いやすいものにすることが目標でした。

このクラス階層は、共通のインターフェイスを定義する BaseService クラスと、いくつかの具体的な実装で構成されていました。MockService や RealService といった具体的な実装はそれぞれ異なることを行いますが、どれも同じインターフェイスを提供します。この関係を明確にするために、具体的な実装はすべて BaseService をサブクラス化します。

このコードをできるだけメンテナンスしやすく、プログラマにとって使いやすいものにするために、次のようにしたいと考えました。

- 基底クラスはインスタンス化できないようにする。
- サブクラスの 1 つでインターフェイスメソッドを実装し忘れた場合は、できるだけ早い段階にエラーになるようにする。

では、この問題を解決するために Python の abc モジュールを使用したいのはなぜでしょうか。上記の設計は、より複雑なシステムではごく一般的に見られるものです。派生クラスに基底クラスのメソッドを実装させるために、通常は次のような Python イディオムを使用します。

```python
class Base:
    def foo(self):
        raise NotImplementedError()
    def bar(self):
        raise NotImplementedError()

class Concrete(Base):
    def foo(self):
        return 'foo() called'

    # bar() のオーバーライドを忘れてしまう...
    # def bar(self):
    #     return "bar() called"
```

この問題を解決するためのこの最初の試みはどのような結果になるでしょうか。Base クラスのインスタンスでこれらのメソッドを呼び出すと、手はずどおりに NotImplementedError 例外が送出されます。

```python
>>> b = Base()
>>> b.foo()
…略…
NotImplementedError
```

さらに、Concrete クラスをインスタンス化して使用する方法も期待どおりです。そして、実装されていない bar などのメソッドを呼び出した場合もやはり例外が送出されます。

```
>>> c = Concrete()
>>> c.foo()
'foo() called'
>>> c.bar()
…略…
NotImplementedError
```

この最初の実装はまずまずですが、まだ完璧ではありません。依然として次のような問題があります。

- エラーを発生させずに Base をインスタンス化できてしまう。
- 不完全なサブクラスを提供できてしまう。Concrete クラスをインスタンス化しても、実装されていない bar メソッドを呼び出すまでエラーは発生しない。

Python 2.6 で追加された Python の abc モジュール[6] を利用すれば、これらの問題をうまく解決することができます。abc モジュールで定義されている抽象基底クラスを使って、この実装を書き換えてみましょう。

```
from abc import ABCMeta, abstractmethod

class Base(metaclass=ABCMeta):
    @abstractmethod
    def foo(self):
        pass

    @abstractmethod
    def bar(self):
        pass

class Concrete(Base):
    def foo(self):
        pass

    # またしても bar() を忘れてしまう...
```

この場合の振る舞いも期待どおりであり、正しいクラス階層が作成されます。

---

[6]　Python 公式ドキュメントの「abc – Abstract Base Classes」を参照。
https://docs.python.org/3/library/abc.html

```
assert issubclass(Concrete, Base)
```

　ただし、大きな利点がもう1つあります。Base のサブクラスでいずれかの抽象メソッ
ドの実装を忘れてしまった場合に、**インスタンス化の時点**で TypeError になることです。
実装されていない（1つ以上の）メソッドは、送出された例外によって指摘されます。

```
>>> c = Concrete()
…略…
TypeError: Can't instantiate abstract class Concrete with abstract methods
bar
```

　abc モジュールを使用しないとしたら、実装されていないメソッドが実際に呼び出され
た場合に NotImplementedError になるだけです。実装されていないメソッドに関する情
報がインスタンス化の時点で提供されるのは大きな利点であり、無効なサブクラスの記述
が難しくなります。まったく新しいコードを書いている場合はそれほど重要なことではな
いかもしれませんが、数週間後あるいは数か月後にきっと役立つはずです。

　このパターンは、もちろん、コンパイル時の型のチェックに完全に取って代わるもので
はありません。ですが多くの場合は、それによってクラス階層がより堅牢になり、メンテ
ナンスが容易になることがわかりました。抽象基底クラスを使用すると、プログラマの意
図がより明確に伝わるため、コードのコミュニケーション能力が高くなります。abc モ
ジュールのドキュメントを読み、このパターンが適している状況を見逃さないようにして
ください。

● ここがポイント

- 抽象基底クラスは、派生クラスが基底クラスのメソッドを実装していることをイ
  ンスタンス化の際にチェックするのに役立つ。
- 抽象基底クラスを使用するとバグの回避に役立つほか、クラス階層のメンテナン
  スが容易になる。

4.6　名前付きタプルは何に役立つか

　Python には、「名前付きタプル」という特殊なタプルがあります。その能力からする
と、名前付きタプルはそれほど注目を集めていないように思えます。名前付きタプルは、
Python のありふれた風景の中に潜む、驚くべき機能の1つです。

　名前付きタプルは、クラスを手動で定義することに代わるすばらしい手段です。名前付
きタプルには興味深い機能が他にもあるため、ここで紹介したいと思います。

では、名前タプルとはいったい何であり、何がそれほど特別なのでしょうか。名前付きタプルについては、組み込みの tuple データ型の拡張として考えてみるとよいでしょう。

Python のタプルは、任意のオブジェクトをグループ化するための単純なデータ構造です。タプルはイミュータブルでもあり、一度作成されたら変更することはできません。簡単な例を見てみましょう。

```
>>> tup = ('hello', object(), 42)
>>> tup
('hello', <object object at 0x105e76b70>, 42)
>>> tup[2]
42
>>> tup[2] = 23
…略…
TypeError: 'tuple' object does not support item assignment
```

通常のタプルには、タプルに格納されているデータにアクセスするには整数のインデックスを使用しなければならないという潜在的な欠点があります。タプルに格納される個々のプロパティに名前を付けることはできません。このことはコードの読みやすさに影響を与える可能性があります。

また、タプルは常にアドホックな構造です。2 つのタプルの間で、フィールドの個数を揃えたり、同じプロパティが格納されるようにしたりするのはそう簡単ではありません。このため、注意していないと、フィールドの順序を間違えるといった「度忘れ」バグが簡単に紛れ込んでしまいます。

● 名前付きタプルで解決

これら 2 つの問題の解決を目指すのが名前付きタプルです。

まず、名前付きタプルは通常のタプルと同じイミュータブルなコンテナです。名前付きタプルのトップレベルの属性にデータを一度格納したら、その属性を更新して名前付きタプルを書き換える、というわけにはいかなくなります。名前付きタプルオブジェクトの属性はすべて「書き込みは 1 度だけ、読み取りは何度でも」原則に従います。

それに加えて、名前付きタプルはその名のとおり、**名前の付いたタプル**です。名前付きタプルに格納されている各オブジェクトには、一意な（人が読める）識別子を使ってアクセスできます。このため、整数のインデックスを覚えておく必要はなく、インデックスのニーモニックとして整数型の定数を定義するといった対処法を用いる必要もありません。

名前付きタプルとは、次のようなものです。

```
>>> from collections import namedtuple
>>> Car = namedtuple('Car', 'color mileage')
```

　名前付きタプルは Python 2.6 で標準ライブラリに追加されました。名前付きタプルを使用するには、collections モジュールをインポートする必要があります。この例では、color と mileage の 2 つのフィールドを持つ単純な Car データ型を定義しました。

　ここで、なぜ文字列の'Car' を namedtuple ファクトリ関数の第 1 引数として渡しているのだろう、と思ったかもしれません。

　このパラメータは、Python の公式ドキュメントにおいて「typename」と呼ばれているものです[7]。typename は、namedtuple 関数を呼び出すことによって作成される新しいクラスの名前です。

　namedtuple 関数には、作成されたクラスの代入先となる変数の名前を知る手立てがありません。このため、使用したいクラス名を明示的に指定する必要があります。このクラス名は、docstring に使用されるほか、namedtuple 関数が自動的に生成する__repr__の実装でも使用されます。

　それから、この例には構文的に変わっている点がもう 1 つあります。フィールドの渡し方です。フィールドの名前を'color mileage' という文字列として渡しているのはなぜでしょうか。

　その答えは、名前付きタプルのファクトリ関数がこの文字列を解析する方法にあります。このファクトリ関数は、フィールド名文字列で split 関数を呼び出すことで、それをフィールド名のリストとして解析します。したがって、実際には、これは次の 2 ステップの簡略表記にすぎません。

```
>>> 'color mileage'.split()
['color', 'mileage']
>>> Car = namedtuple('Car', ['color', 'mileage'])
```

　もちろん、こちらのほうがよければ、フィールド名が含まれたリストを直接渡してもかまいません。リストを使用する方法の利点は、このコードを複数行に分ける必要がある場合の再フォーマットが簡単になることです。

```
>>> Car = namedtuple('Car', [
...     'color',
...     'mileage',
... ])
```

　どのような方法をとるにしても、これにより、Car ファクトリ関数を使って新しい

---

[7]　Python 公式ドキュメントの「collections.namedtuple()」を参照。
https://docs.python.org/3/library/collections.html#collections.namedtuple

Car オブジェクトを作成できるようになります。Car クラスを手動で定義し、"color"と"mileage"の値を受け取るコンストラクタを定義するのと同じです。

```
>>> my_car = Car('red', 3812.4)
>>> my_car.color
'red'
>>> my_car.mileage
3812.4
```

　名前付きタプルに格納されている値には、その識別子でアクセスできるだけでなく、インデックスでもアクセスできます。このため、通常のタプルの代わりに使用することもできます。

```
>>> my_car[0]
'red'
>>> tuple(my_car)
('red', 3812.4)
```

　タプルのアンパック（展開）と、関数の引数をアンパックする*演算子の動作も期待どおりです。

```
>>> color, mileage = my_car
>>> print(color, mileage)
red 3812.4
>>> print(*my_car)
red 3812.4
```

　名前付きタプルオブジェクトの便利な文字列表現も自動的に提供されるため、入力の手間が省け、コードが簡潔になります。

```
>>> my_car
Car(color='red', mileage=3812.4)
```

　タプルと同様に、名前付きタプルはイミュータブルです。名前付きタプルのフィールドの1つを上書きしようとすると、AttributeError になります。

```
>>> my_car.color = 'blue'
…略…
AttributeError: can't set attribute
```

　名前付きタプルオブジェクトは、内部では通常の Python クラスとして実装されます。メモリ使用量に関しては、通常のクラスよりも「効率的」で、通常のタプルと比べてもまったく同じくらい効率的です。

　名前付きタプルについては、**Python でイミュータブルなクラスを明示的に定義するためのメモリ効率のよいショートカット**として覚えておくとよいでしょう。

● 名前付きタプルのサブクラス化

　名前付きタプルは通常の Python クラスに基づいて構築されるため、名前付きタプルオブジェクトにメソッドを追加することも可能です。たとえば、名前付きタプルのクラスを他のクラスと同じように拡張し、メソッドや新しいプロパティを追加することができます。例を見てみましょう。

```python
Car = namedtuple('Car', 'color mileage')

class MyCarWithMethods(Car):
    def hexcolor(self):
        if self.color == 'red':
            return '#ff0000'
        else:
            return '#000000'
```

　あとは、いつもと同じように、MyCarWithMethods オブジェクトを作成し、hexcolorメソッドを呼び出すことができます。

```python
>>> c = MyCarWithMethods('red', 1234)
>>> c.hexcolor()
'#ff0000'
```

　ですが、これだと少しぎこちないかもしれません。イミュータブルなプロパティを持つクラスが必要な場合はこれでもよいかもしれませんが、墓穴を掘ることになるかもしれません。

　たとえば、名前付きタプルの内部構造を考えると、**イミュータブル**なフィールドを新たに追加するのはそう簡単ではありません。名前付きタプルを階層化する最も簡単な方法は、名前付きタプルの_fields プロパティを使用することです。

```python
>>> Car = namedtuple('Car', 'color mileage')
>>> ElectricCar = namedtuple('ElectricCar', Car._fields + ('charge',))
```

　このようにすると、望みどおりの結果になります。

```
>>> ElectricCar('red', 1234, 45.0)
ElectricCar(color='red', mileage=1234, charge=45.0)
```

● 組み込みのヘルパーメソッド

名前付きタプルのインスタンスには、_fields プロパティの他にも、役に立ちそうなヘルパーメソッドがいくつかあります。それらの名前はすべて単一のアンダースコア文字（_）で始まります。通常、単一のアンダースコアで始まる名前は、そのメソッドまたはプロパティが「プライベート」であり、クラスまたはモジュールのパブリックインターフェイスの一部ではないことの目印となります。

ただし、名前付きタプルでは、アンダースコアの命名規則の意味が異なります。これらのヘルパーメソッドとプロパティは、名前付きタプルのパブリックインターフェイスの**一部**だからです。ヘルパーメソッドにこのような名前が付いているのは、ユーザー定義のタプルフィールドの名前と競合しないようにするためです。ですから、タプルフィールドが必要なら、遠慮なく使用してください。

名前付きタプルのヘルパーメソッドが役立つシナリオをいくつか見てみましょう。最初に紹介するのは_asdict ヘルパーメソッドです。このメソッドは名前付きタプルの内容をディクショナリとして返します[8]。

```
>>> my_car._asdict()
OrderedDict([('color', 'red'), ('mileage', 3812.4)])
```

このメソッドは、たとえば JSON フォーマットの出力を生成するときにフィールド名の入力ミスを回避するのに役立ちます。

```
>>> import json
>>> json.dumps(my_car._asdict())
'{"color": "red", "mileage": 3812.4}'
```

_replace も便利なヘルパーメソッドです。タプルの（浅い）コピーを作成し、フィールドの一部を選択的に置き換えることができます。

```
>>> my_car._replace(color='blue')
```

---

[8] **[訳注]**：Python 3.8.2/3.8.1 では、my car._asdict() の出力は {'color': 'red', 'mileage': 3812.4} になる。

```
Car(color='blue', mileage=3812.4)
```

最後に、_make ヘルパーメソッドを使用すると、シーケンスまたはイテラブルから名前
付きタプルの新しいインスタンスを作成できます。

```
>>> Car._make(['red', 999])
Car(color='red', mileage=999)
```

● 名前付きタプルはいつ使用するか

名前付きタプルを使ってデータをより適切に構造化すれば、コードを整理して読みやす
くすることができます。

たとえば、固定のフォーマットを持つディクショナリなどのアドホックなデータ型から
名前付きタプルに切り替えると、コードの意図をより明確に表現するのに役立つことがわ
かっています。このリファクタリングを試したところ、悩んでいた問題がうそのように解
決した、ということもよくあります。

通常の（非構造化）タプルやディクショナリの代わりに名前付きタプルを使用すると、
やり取りされるデータが（ある程度）自己文書化されるため、チームメンバーの作業も楽
になります。

一方で、より「きれい」でメンテナンスしやすいコードを書く助けにならない場合、筆
者は名前付きタプル自体を使用しないようにしています。本書で紹介するその他多くの手
法と同様に、**いくらよいものでも使いすぎるとかえってよくない**ことがあります。

とはいえ、名前付きタプルを慎重に使用すれば、より効果的で表現豊かな Python コー
ドになることは間違いありません。

● ここがポイント

- collection.namedtuple は、Python でイミュータブルなクラスを明示的に定
  義することに対するメモリ効率のよいショートカットである。
- 名前付きタプルは、データをより理解しやすい構造にすることで、コードを整理
  するのに役立つ。
- 名前付きタプルには便利なヘルパーメソッドがいくつか定義されている。これら
  のメソッドには単一のアンダースコアで始まる名前が付いているが、どれもパブ
  リックインターフェイスの一部であるため、自由に使用してかまわない。

4.7　　クラス変数とインスタンス変数の落とし穴

　Python のオブジェクトモデルでは、クラスメソッドとインスタンスメソッドが区別される
ことに加えて、クラス変数とインスタンス変数も区別されます。

　この区別は重要ですが、筆者は Python 開発者になりたての頃にこのことで苦労した覚
えがあります。これらの概念を完全に理解するのをずっと後回しにしてきたツケが回った
のです。このため、最初の頃に試したオブジェクト指向プログラミング（OOP）は、予想外
の振る舞いやおかしなバグでいっぱいでした。ここでは、実践的な例を使って、このテー
マからなかなか追い払えない混乱を収拾したいと思います。

　すでに述べたように、Python オブジェクトのデータ属性には、**クラス変数**と**インスタ
ンス変数**の 2 種類があります。

　クラス変数は、クラス定義の中（ただし、インスタンスメソッドの外）で宣言される変
数であり、クラスの特定のインスタンスとは結び付いていません。クラス変数の内容はそ
のクラス自体に格納され、特定のクラスから作成されるすべてのオブジェクトが同じクラ
ス変数にアクセスすることになります。このことは、たとえばクラス変数を変更すると、
すべてのオブジェクトインスタンスに同時に影響がおよぶことを意味します。

　インスタンス変数は、特定のオブジェクトインスタンスと常に結び付いています。イン
スタンス変数の内容はクラスに格納されるのではなく、そのクラスから作成される個々の
オブジェクトに格納されます。したがって、インスタンス変数の内容はオブジェクトイン
スタンスごとに完全に独立しています。このため、インスタンス変数を変更しても、その
影響がおよぶのは常に 1 つのオブジェクトインスタンスだけです。

　さて、概念的な説明はこれくらいにして、実際のコードを見てみましょう。次に示すの
は、おなじみの「犬の例」です。どういうわけか、OOP のチュートリアルは決まって車か
ペットを使って要点を説明しており、この伝統に逆らうというのも何ですので。

　犬が幸せであるために必要なものは何でしょうか。4 本の足と名前です。

```
class Dog:
    num_legs = 4            # クラス変数

    def __init__(self, name):
        self.name = name       # インスタンス変数
```

　先ほど説明した犬の状態がオブジェクト指向でうまく表されています。新しい Dog イ
ンスタンスの作成は期待どおりで、それぞれに name というインスタンス変数が与えられ
ます。

```
>>> jack = Dog('Jack')
>>> jill = Dog('Jill')
```

```
>>> jack.name, jill.name
('Jack', 'Jill')
```

クラス変数に関しては、もう少し柔軟です。num_legs クラス変数には、それぞれの Dog インスタンスからも、あるいは**クラス自体**でも直接アクセスできます。

```
>>> jack.num_legs, jill.num_legs
(4, 4)
>>> Dog.num_legs
4
```

しかし、クラスを使って**インスタンス変数**にアクセスしようとすると、AttributeError になってしまいます。インスタンス変数はオブジェクトインスタンスごとに異なり、__init__ コンストラクタの実行時に作成されます。つまり、クラスそのものには存在すらしません。

これがクラス変数とインスタンス変数の主な違いです。

```
>>> Dog.name
…略…
AttributeError: type object 'Dog' has no attribute 'name'
```

さて、ここまではよいでしょう。

ある日、犬の Jack が夕飯を食べているときに電子レンジに近づきすぎて、足がもう2本生えてきたとしましょう。ここまでの小さなコードサンドボックスでそれをどのように表せばよいでしょうか。

最初に思い付くのは、Dog クラスの num_legs 変数を変更することかもしれません。

```
>>> Dog.num_legs = 6
```

しかし、**すべて**の犬が6本足で駆け回るようになるのはちょっと困ります。クラス変数を変更したために、この小さな世界にいる犬のインスタンスはどれもスーパードッグになってしまいました。そして、クラス変数を変更する前に作成した犬を含め、すべての犬にその影響がおよぶことになります。

```
>>> jack.num_legs, jill.num_legs
(6, 6)
```

　というわけで、この方法はうまくいきません。**クラスの名前空間**でクラス変数を変更すると、そのクラスの全インスタンスに影響がおよぶからです。クラス変数に対する変更を元に戻して、Jack にだけ足を 2 本余分に与えることにしましょう。

```
>>> Dog.num_legs = 4
>>> jack.num_legs = 6
```

　さて、どのような結果になったでしょうか。

```
>>> jack.num_legs, jill.num_legs, Dog.num_legs
(6, 4, 4)
```

　哀れな Jack に余分な足を与えたことを除けば、「なかなかよさそう」です。しかし、この変更は Dog オブジェクトに実際にどのような影響をおよぼしたのでしょうか。

　ここで問題となるのは、私たちが望んだ結果（Jack の足を増やすこと）であるとは言え、Jack インスタンスにインスタンス変数 num_legs を追加したことです。そして、オブジェクトインスタンスのスコープにアクセスするときには、新しいインスタンス変数 num_legs により、同じ名前のクラス変数が「シャドーイング」されてしまいます。つまり、このクラス変数が上書きされ、覆い隠されてしまいます。

```
>>> jack.num_legs, jack.__class__.num_legs
(6, 4)
```

　このように、クラス変数は**同期していない**ようです。こうなったのは、jack.num_legs への書き込みにより、クラス変数と同じ名前の**インスタンス変数**が作成されたからです。

　これは必ずしも悪いことではありませんが、内部で何が起きたのかを知っておくことが重要となります。Python のクラスレベルとインスタンスレベルのスコープを筆者がようやく理解するまで、このことは筆者のプログラムにバグが紛れ込む大きな要因となっていました。

　実を言うと、オブジェクトインスタンスを通じてクラス変数を変更しようとすることは、Python における OOP のちょっとした落とし穴です。それにより、同じ名前のインスタンス変数がうっかり作成され、元のクラス変数がシャドーイングされてしまうからです。

● 犬がいない例

　本章を執筆するにあたって犬が被害に遭うことはありませんでしたが（足が 2 本生えてくるなんて愉快ですが）、クラス変数の便利な用途を示す実用的な例をもう 1 つ紹介したいと思います。これはクラス変数の現実的な用途に少し近いものです。

次に示す `CountedObject` クラスは、プログラムのライフタイムを通じてインスタンス化された回数を記録します（実際には、これは興味深いパフォーマンス指標になるかもしれません）。

```
class CountedObject:
    num_instances = 0

    def __init__(self):
        self.__class__.num_instances += 1
```

`CountedObject` は、共有カウンタとしてクラス変数 `num_instances` を使用します。このクラスは、宣言時にカウンタを 0 に初期化し、その後は何もしません。

このクラスの新しいインスタンスを作成するたびに、`__init__` コンストラクタの実行時に共有カウンタがインクリメントされます（カウンタの値に 1 が足されます）。

```
>>> CountedObject.num_instances
0
>>> CountedObject().num_instances
1
>>> CountedObject().num_instances
2
>>> CountedObject().num_instances
3
>>> CountedObject.num_instances
3
```

間違いなく**クラス**のカウンタ変数をインクリメントしなければならないため、このコードが少し複雑な手続きを踏まなければならないことに注目してください。コンストラクタを次のように記述していたとしたら、すぐに手違いが起きていたでしょう。

```
# 警告：この実装にはバグが含まれている
class BuggyCountedObject:
    num_instances = 0

    def __init__(self):
        self.num_instances += 1     # !!!
```

次に示すように、この（不適切な）実装は共有カウンタ変数をインクリメントしません。

```
>>> BuggyCountedObject.num_instances
0
>>> BuggyCountedObject().num_instances
1
>>> BuggyCountedObject().num_instances
```

```
1
>>> BuggyCountedObject().num_instances
1
>>> BuggyCountedObject.num_instances
0
```

　どこで間違えたのかはもうわかるはずです。この（バグ付きの）実装が共有カウンタを
インクリメントしないのは、「犬の Jack」の例で説明したミスを犯しているためです。こ
の実装がうまくいかないのは、コンストラクタで同じ名前のインスタンス変数を作成した
ことで、num_instance クラス変数が誤って「シャドーイング」されてしまったからです。

　この実装は、カウンタの新しい値を（0 から 1 に）正しく計算しますが、その結果をイ
ンスタンス変数に格納します。つまり、BuggyCountedObject クラスの他のインスタンス
は、更新されたカウンタの値を決して参照できません。

　このように、こうした間違いはとても簡単に起きてしまいます。クラスで共有状態を扱
うときには慎重な姿勢を崩さず、スコープを再度確認するのがよいでしょう。この点につ
いては、自動テストやピアレビューが大きな助けになります。

　こうした落とし穴はありますが、クラス変数がなぜ、どのようにして実際に便利なツー
ルとなり得るのかが理解できたことを願っています。ぜひ活用してください。

● **ここがポイント**

- クラス変数は、クラスのすべてのインスタンスによって共有されるデータに使用
される。クラス変数は特定のインスタンスではなくクラスに属しており、クラス
のすべてのインスタンスによって共有される。

- インスタンス変数は、インスタンスごとに異なるデータに使用される。インスタ
ンス変数は個々のオブジェクトインスタンスに属しており、クラスの他のインス
タンスによって共有されない。各インスタンス変数には、そのインスタンス専用
の一意なバッキングストアが割り当てられる。

- クラス変数は同じ名前のインスタンス変数によって「シャドーイング」される可
能性があるため、クラス変数が（誤って）上書きされ、バグやおかしな振る舞い
の原因になることがある。

4.8　インスタンスメソッド、クラスメソッド、静的メソッドの謎を解く

　ここでは、Python の**クラスメソッド**、**静的メソッド**、そして通常の**インスタンスメソッ
ド**の内部がどうなっているのかを調べることにします。

　これらのメソッドの違いを直観的に理解できれば、オブジェクト指向の Python を記述できるようになります。それにより、コードの意図がより明確に伝わるようになり、長期的に見てメンテナンスしやすいコードになります。

　まず、Python 3 のクラスを記述してみましょう。このクラスには、これら 3 種類のメソッドの単純な例が含まれています。

```python
class MyClass:
    def method(self):
        return 'instance method called', self

    @classmethod
    def classmethod(cls):
        return 'class method called', cls

    @staticmethod
    def staticmethod():
        return 'static method called'
```

> **Note**
>
> ### Python 2 ユーザーへの注意点
> Python 2.4 以降は、@staticmethod と@classmethod の 2 つのデコレータがサポートされているため、この例をそのまま使用できます。また、通常の class MyClass 宣言を使用する代わりに、class MyClass(object) 構文を使って object を継承する新しいスタイルのクラスを宣言することも可能です。

● インスタンスメソッド

　MyClass において最初に定義されているメソッド method は、通常の**インスタンスメソッド**です。インスタンスメソッドは、ほとんどの場面で使用することになる基本的な（余計なものがない）メソッドです。method メソッドのパラメータは 1 つ（self）だけです。このパラメータには、メソッドの呼び出し時に MyClass のインスタンスが設定されます。もちろん、インスタンスメソッドには複数のパラメータを定義できます。

　インスタンスメソッドは、この self パラメータを通じて、同じオブジェクトインスタンスの属性や他のメソッドに自由にアクセスできます。このことは、オブジェクトの状態を変更するときに大きな威力を発揮します。

　インスタンスメソッドでは、オブジェクトの状態を変更できるだけでなく、self.__class__属性を通じてクラス自体にアクセスすることもできます。つまり、インスタンスメソッドはクラスの状態も変更できます。

● クラスメソッド

このインスタンスメソッドを、2つ目のメソッドである MyClass.classmethod と比較してみましょう。この2つ目のメソッドには、**クラスメソッド**であることを示す@classmethod デコレータ[9] が追加されています。

クラスメソッドのパラメータは、self ではなく cls です。このパラメータには、メソッドの呼び出し時に（オブジェクトインスタンスではなく）クラスが設定されます。

クラスメソッドがアクセスできるのは、この cls パラメータだけなので、オブジェクトインスタンスの状態を変更することはできません。オブジェクトインスタンスの状態を変更するには、self にアクセスできなければなりません。ただし、クラスメソッドでもクラスの状態を変更することが可能であり、その変更はそのクラスの全インスタンスに適用されます。

● 静的メソッド

3つ目のメソッドである MyClass.staticmethod には、**静的メソッド**であることを示す@staticmethod デコレータ[10] が追加されています。

静的メソッドには self パラメータや cls パラメータはありませんが、もちろん、他のパラメータをいくつでも定義できます。

結果として、静的メソッドでは、オブジェクトの状態やクラスの状態を変更することはできません。静的メソッドがアクセスできるデータの種類は制限されています。つまり、静的メソッドはメソッドを名前空間化するための主な手段となります。

● 実際に試してみる

ここまでの内容がかなり理論的なものであったことは承知しています。また、これら3種類のメソッドが実際にどのように異なるのかを直観的に理解できるようになることが重要であることも重々承知しています。そこで、具体的な例をいくつか見てもらうことにします。

これらのメソッドを呼び出したときにそれぞれが実際にどのように動作するのか見てみましょう。まず、MyClass クラスのインスタンスを作成し、次に、これら3種類のメソッドを呼び出します。

MyClass クラスは、各メソッドの実装がタプルを返すように設計されています。このタプルに含まれている情報を調べれば、何が行われているのか、そのメソッドがクラスやオ

---

[9]　Python 公式ドキュメントの「@classmethod」を参照。
https://docs.python.org/3/library/functions.html#classmethod
[10]　Python 公式ドキュメントの「@staticmethod」を参照。
https://docs.python.org/3/library/functions.html#staticmethod

ブジェクトのどの部分にアクセスできるのかが明らかになるはずです。

インスタンスメソッドを呼び出した場合は次のようになります。

```
>>> obj = MyClass()
>>> obj.method()
('instance method called', <__main__.MyClass instance at 0x110610d30>)
```

この結果から、method というインスタンスメソッドが self パラメータを通じてオブジェクトインスタンス（<MyClass instance>）にアクセスできることがわかります。

このメソッドが呼び出されると、self パラメータの値がオブジェクトインスタンスである obj と置き換えられます。なお、obj.method() というドット呼び出し構文によって提供される糖衣構文を無視し、オブジェクトインスタンスを明示的に渡すことも可能です。その場合も、同じ結果になります。

```
>>> MyClass.method(obj)
('instance method called', <__main__.MyClass instance at 0x110610d30>)
```

ちなみに、インスタンスメソッドは self.__class__ 属性を通じて**クラス自体**にもアクセスできます。オブジェクトインスタンスだけでなくクラス自体の状態も自由に変更できるため、アクセス制御に関しては強力です。

次は**クラスメソッド**を試してみましょう。

```
>>> obj.classmethod()
('class method called', <class '__main__.MyClass'>)
```

classmethod メソッドの呼び出しでは、オブジェクトインスタンス（<MyClass instance>）にはアクセスできず、クラス自体を表すオブジェクト（<class MyClass>）にのみアクセスできることがわかります（Python ではすべてのものがオブジェクトであり、これにはクラス自体も含まれます）。

MyClass.classmethod メソッドを呼び出したときに、第 1 引数としてクラスが自動的に渡されることに注目してください。Python で**ドット構文**を使ってメソッドを呼び出したときの振る舞いはこのようになります。インスタンスメソッドの self パラメータの仕組みも同じです。

これらのパラメータの self と cls という名前は慣例にすぎないことに注意してください。それらの名前を the_object と the_class に変更しても結果は同じです。重要なのは、そのメソッドのパラメータリストにおいて先頭に位置している、ということだけです。

次は**静的メソッド**を試してみましょう。

```
>>> obj.staticmethod()
'static method called'
```

このオブジェクトで staticmethod メソッドがどのように呼び出されたのか、そしてその呼び出しがなぜうまくいくのかがわかったでしょうか。オブジェクトインスタンスで静的メソッドが呼び出せると知って驚く開発者もいます。

静的メソッドがドット構文を使って呼び出された場合、Python は self または cls パラメータに引数を渡さないという方法で、単に内部でアクセス制限を適用するのです。

このことは、静的メソッドがオブジェクトインスタンスの状態にもクラスの状態にもアクセスできないことを裏付けています。静的メソッドは通常の関数と同じように動作しますが、クラスの（そして各インスタンスの）名前空間に属しています。

ここで、事前にオブジェクトインスタンスを作成せずに、これらのメソッドをクラス自体で呼び出そうとしたらどうなるか見てみましょう。

```
>>> MyClass.classmethod()
('class method called', <class '__main__.MyClass'>)

>>> MyClass.staticmethod()
'static method called'

>>> MyClass.method()
…略…
TypeError: method() missing 1 required positional argument: 'self'
```

classmethod と staticmethod は問題なく呼び出すことができましたが、インスタンスメソッド method の呼び出しは TypeError で失敗しました。

これは予想どおりの結果です。今回はオブジェクトインスタンスを作成せず、クラス自体で直接呼び出そうとしました。この場合、Python には self パラメータを設定する手段がないため、呼び出しは TypeError で失敗することになります。

この時点で、3種類のメソッドの違いがもう少し明確になったはずです。ですが、これで終わりではないので安心してください。次の2つの項では、これらのメソッドを使用する状況に関して、もう少し現実的な例を2つ見ていきます。

これらの例は、次に示す必要最低限のクラスをベースにしています。

```
class Pizza:
    def __init__(self, ingredients):
        self.ingredients = ingredients
```

```
def __repr__(self):
    return f'Pizza({self.ingredients!r})'
```

```
>>> Pizza(['cheese', 'tomatoes'])
Pizza(['cheese', 'tomatoes'])
```

● @classmethod を使ったおいしいピザファクトリ

ピザの実物を見たことがあれば、おいしいピザがたくさんあることを知っているはずです。

```
Pizza(['mozzarella', 'tomatoes'])
Pizza(['mozzarella', 'tomatoes', 'ham', 'mushrooms'])
Pizza(['mozzarella'] * 4)
```

イタリア人がピザの分類法を確立したのは何世紀も前なので、おいしいピザにはそれぞれ名前が付いています。このことを利用して、Pizza クラスのユーザーが食べたいピザオブジェクトを作成するための、より効果的なインターフェイスを定義してみましょう。

そのための手際のよい方法は、さまざまな種類のピザを作成するための**ファクトリ関数**[11] としてクラスメソッドを使用することです。

```
class Pizza:
    def __init__(self, ingredients):
        self.ingredients = ingredients

    def __repr__(self):
        return f'Pizza({self.ingredients!r})'

    @classmethod
    def margherita(cls):
        return cls(['mozzarella', 'tomatoes'])

    @classmethod
    def prosciutto(cls):
        return cls(['mozzarella', 'tomatoes', 'ham'])
```

ファクトリメソッド margherita と prosciutto を見てください。Pizza クラスのコンストラクタを直接呼び出すのではなく、cls パラメータを使用していることがわかります。
このようにすると、**DRY**（Don't Repeat Yourself）原則にうまく従うことができます。

---

[11]　https://en.wikipedia.org/wiki/Factory_(object-oriented_programming)

このクラスの名前を変更することになったとしても、すべてのファクトリメソッドでコンストラクタ名を更新することを覚えておく必要がないからです。

さて、これらのファクトリメソッドを使って何ができるでしょうか。さっそく試してみましょう。

```
>>> Pizza.margherita()
Pizza(['mozzarella', 'tomatoes'])

>>> Pizza.prosciutto()
Pizza(['mozzarella', 'tomatoes', 'ham'])
```

このように、ファクトリ関数を使用すると、思いどおりに構成された新しい Pizza オブジェクトを作成することができます。それらはどれも同じ__init__コンストラクタを内部で使用しており、さまざまなトッピングをすべて覚えておくためのショートカットを提供するだけです。

別の見方をすれば、クラスメソッドをこのように使用すると、クラスに別のコンストラクタを定義できる、ということがわかります。

Python では、__init__メソッドはクラスごとに 1 つだけと決まっています。クラスメソッドを利用すれば、デフォルト以外のコンストラクタをいくつでも必要なだけ追加できます。このようにすると、クラスのインターフェイスが（ある程度まで）自己文書化され、簡単に使用できるようになります。

● 静的メソッドはいつ使用するか

ここでよい例をひねり出すのはさらに難しいのですが、こんなのはどうでしょう。ピザのたとえをどんどん薄く伸ばしていったらどうなるでしょうか。そこで思い付いたのが次の例です。

```python
import math

class Pizza:
    def __init__(self, radius, ingredients):
        self.radius = radius
        self.ingredients = ingredients

    def __repr__(self):
        return (f'Pizza({self.radius!r}, '
                f'{self.ingredients!r})')

    def area(self):
        return self.circle_area(self.radius)
```

```
@staticmethod
def circle_area(r):
    return r ** 2 * math.pi
```

さて、何を変更したのでしょうか。まず、コンストラクタに radius パラメータを追加し、このパラメータの値を __repr__ でも使用できるようにしました。

また、ピザの面積を計算して返すインスタンスメソッド area も追加しました。これは @property の有力な候補でもありますが、これはトイプログラムなので、ここまでにしておきましょう。

area では、円の面積を求める公式を使って面積を直接計算するのではなく、その部分を別の静的メソッド circle_area に抜き出しています。

実際に試してみましょう。

```
>>> p = Pizza(4, ['mozzarella', 'tomatoes'])
>>> p
Pizza(4, ['mozzarella', 'tomatoes'])
>>> p.area()
50.26548245743669
>>> Pizza.circle_area(4)
50.26548245743669
```

もちろん、これでもまだ単純すぎますが、静的メソッドの利点の一部を説明するのに役立つはずです。

すでに説明したように、静的メソッドには cls パラメータや self パラメータがないため、クラスの状態やインスタンスの状態にはアクセスできません。これは大きな制限ですが、特定のメソッドがそのまわりにある他のすべてのものから独立していることを示す重要なサインでもあります。

先の例では、circle_area メソッドがクラスやクラスインスタンスをいかなる方法でも変更できないことは明らかです（もちろん、グローバル変数を使用すればいつでも対処できますが、ここでの趣旨とは異なります）。

では、このメソッドはなぜ有益なのでしょうか。

メソッドを静的メソッドとして定義することは、そのメソッドがクラスまたはインスタンスの状態を変更しないことを暗示するだけではありません。すでに見てきたように、この制限は Python ランタイムによっても適用されます。

このようにすると、クラスアーキテクチャの各部分がどのようなものであるかが明確に伝わるようになるため、新たな開発作業が自然にそれらの境界内で行われるようになります。もちろん、こうした制限に逆らうのもたやすいことです。しかし実際には、元の設計に反するような不慮の変更を未然に防ぐのにそれらが役立つことがよくあります。

別の言い方をすれば、静的メソッドとクラスメソッドを使用することは、開発者の意図を伝える手段であると同時に、そうした意図をきちんと反映させることで、設計に反するような「度忘れ」によるミスやバグのほとんどを回避する手段でもあります。

メソッドの一部をそのように（理にかなった状況で控えめに）記述すれば、メンテナンスが楽になり、他の開発者がそれらのクラスを不適切に使用する可能性を減らすことができます。

静的メソッドには、テストコードの記述に関するメリットもあります。`circle_area` メソッドはクラスの他の部分から完全に独立しているため、テストがはるかに容易になります。

メソッドのユニットテストを実行する前に、完全なクラスインスタンスを準備することについて心配する必要はありません。通常の関数をテストするときと同じように、どんどんテストしてください。この場合も、それにより将来のメンテナンスが楽になり、オブジェクト指向と手続き型のプログラミングスタイルを両立させることができます。

● ここがポイント

- インスタンスメソッドは、クラスのインスタンスを必要とし、`self` を通じてインスタンスにアクセスできる。
- クラスメソッドは、クラスのインスタンスを必要としない。インスタンス（`self`）にはアクセスできないが、`cls` を通じてクラス自体にアクセスできる。
- 静的メソッドは、`cls` または `self` にアクセスできない。静的メソッドは通常の関数と同じように動作するが、クラスの名前空間に属している。
- 静的メソッドとクラスメソッドはクラスの設計に関する開発者の意図を伝え、その意図を（ある程度まで）反映させる。このことには、メンテナンス上の明らかな利点があると考えられる。

## CHAPTER 5

Pythonの一般的なデータ構造

Python 開発者が実践を積み、知識を深める対象とすべきものは何でしょうか。

それはデータ構造です。データ構造はプログラムを構築するときに中心となる基本的な構成要素です。データ構造はそれぞれ、（ユースケースに応じて）データを整理するための特定の方法を提供することで、データに効率よくアクセスできるようにします。

プログラマの技能レベルや経験にかかわらず、基本原理に立ち返ることは常によい結果をもたらすと筆者は考えています。

だからといって、データ構造の知識を深めることに専念すべきである、というわけではありません。それでは、理論の世界に閉じこもり、何も生み出さない「失敗モード」に陥ってしまいます。

しかし、筆者が気づいたのは、データ構造（とアルゴリズム）の知識をブラッシュアップすることに少し時間を割くと、常にその努力が報われることでした。

これを数日間の集中「スプリント」で行うか、それともスキマ時間がほとんどない進行中のプロジェクトで行うかはあまり重要ではありません。どちらにせよ、時間をかける価値があることはたしかです。

さて、Python のデータ構造と言えば、リスト、ディクショナリ、セットがあります。スタックはあるのでしょうか。

実は、ここに問題があります。Python の標準ライブラリには幅広いデータ構造が含まれていますが、それらの名前がちょっと「ずれている」ことがあるのです。

スタックのようなよく知られている「抽象データ型」でさえ、Python のどの実装に相当するのかがはっきりしないことがよくあります。Java などの他の言語は、もっと「コンピュータサイエンスっぽい」明示的な命名規則を使用しています。Java では、リストは単なる「list」ではなく、LinkedList か ArrayList のどちらかになります。

このような名前を付けると、これらの型に期待される振る舞いや計算量が認識しやすくなります。Python はというと、より単純で「人間らしい」命名規則を選択しており、筆者はそこが気に入っています。このことは、Python でのプログラミングがとても楽しい理由の 1 つでもあります。

しかし、経験豊富な Python 開発者でさえ、組み込みの list 型がリンクリストと動的配列のどちらとして実装されるのかがはっきりしないことがあります。そして、この知識

がないせいで、いつまでも挫折感を引きずったり、就職の面接で不採用になったりする日がいつか訪れるのです。

　本章では、Python とその標準ライブラリに組み込まれている基本的なデータ構造と、抽象データ型の実装をひととおり見ていきます。

　ここでの目的は、最も一般的な抽象データ型が Python の命名規則にどのように対応するのかを明らかにし、それぞれのデータ型について簡単に説明することです。この情報は、Python コーディングの面接であなたを強く印象付けるのにも役立つでしょう。

　データ構造に関する一般的な知識をブラッシュアップするための参考書を探している場合は、Steven S. Skiena 著『The Algorithm Design Manual』[1] をぜひ読んでみてください。同書は、基本的な（そしてより高度な）データ構造を教えることと、それらをさまざまなアルゴリズムで実際に使用する方法を示すことをみごとに両立しています。Steve の本は、本章を執筆する上でも大いに参考になりました。

5.1　　ディクショナリ、マップ、ハッシュテーブル

　ディクショナリ（dictionary）は Python の中心的なデータ構造です。ディクショナリは任意の個数のオブジェクトを格納し、それらのオブジェクトは一意なディクショナリキーによって識別されます。

　ディクショナリは、**辞書**（dictionary）、**マップ**（map）、**ハッシュマップ**（hashmap）、**ルックアップテーブル**（lookup table）、または**連想配列**（associative array）とも呼ばれます。ディクショナリを利用すれば、特定のキーに関連付けられたオブジェクトの検索（ルックアップ）、挿入、削除を効率よく行うことができます。

　これは実際にはどういうことなのでしょうか。ディクショナリオブジェクトを現実世界でたとえると、ちょうど**電話帳**に相当します。

> 電話帳を使用すれば、特定のキー（人の名前）に関連付けられた情報（電話番号）をすばやく取り出すことができる。このため、誰かの電話番号を調べるために電話帳を最初から順番に読まなくても、その名前のところへほぼダイレクトに移動し、そこに載っている情報を調べることができる。

　高速な検索を可能にするために情報が**どのように**整理されるのかという話になると、このたとえはやや当てはまらなくなります。ただし、「ディクショナリでは特定のキーに関連付けられた情報をすばやく見つけ出せる」という基本的なパフォーマンス特性は依然として有効です。

---

[1]　『アルゴリズム設計マニュアル』（上下巻、丸善出版、2012 年）

まとめると、ディクショナリはコンピュータサイエンスにおいて最もよく使用される、最も重要なデータ構造の 1 つです。

では、Python はディクショナリをどのように扱うのでしょうか。

Python のコア言語と標準ライブラリで提供されているディクショナリの実装をひととおり見ていきましょう。

● dict：主力となるディクショナリ

ディクショナリはこのように重要であるため、Python では、堅牢なディクショナリ実装がコア言語に直接組み込まれています。それが dict データ型[2] です。

また、プログラムでディクショナリを操作するための便利な「糖衣構文」も用意されています。たとえば、波かっこ（{}）を使ったディクショナリ式構文とディクショナリ内包表記を利用すれば、新しいディクショナリオブジェクトを簡単に定義できます。

```
phonebook = {
    'bob': 7387,
    'alice': 3719,
    'jack': 7052,
}

squares = {x: x * x for x in range(6)}
```

```
>>> phonebook['alice']
3719
>>> squares
{0: 0, 1: 1, 2: 4, 3: 9, 4: 16, 5: 25}
```

オブジェクトを有効なキーとして使用することに関しては、制限がいくつかあります。

Python のディクショナリは、キーによってインデックス付けされます。キーはハッシュ可能型[3] であればどれでもよいことになっています。**ハッシュ可能オブジェクト** (hashable object) とは、ライフタイムに渡って変化しないハッシュ値を持つオブジェクトのことであり[4]、他のオブジェクトと比較することができます[5]。それに加えて、ハッシュ可能オ

---

[2]　Python 公式ドキュメントの「Mapping Types — dict」を参照。
https://docs.python.org/3/library/stdtypes.html#mapping-types-dict
[3]　Python 公式ドキュメントの「Hashable」を参照。
https://docs.python.org/3/glossary.html#term-hashable
[4]　Python 公式ドキュメントの「object.__hash__()」を参照。
https://docs.python.org/3/reference/datamodel.html#object.__hash__
[5]　Python 公式ドキュメントの「object.__eq__()」を参照。
https://docs.python.org/3/reference/datamodel.html#object.__eq__

ブジェクトの比較が「等しい」と評価されるには、それらのオブジェクトのハッシュ値が同じでなければなりません。

文字列や数値といったイミュータブル（不変）型はハッシュ可能であり、ディクショナリキーとして使用できます。tuple オブジェクトもディクショナリキーとして使用できますが、ハッシュ可能型だけを含んでいる場合に限られます。

ほとんどのユースケースでは、Python の組み込みのディクショナリ実装で必要なものがすべて揃うはずです。ディクショナリは高度に最適化されており、言語のさまざまな部分のベースとなっています。たとえば、スタックフレームのクラス属性や変数は、内部ではどちらもディクショナリに格納されます。

Python のディクショナリはハッシュテーブルに基づいています。このハッシュテーブルの実装は十分にテストされ、細かく調整されており、開発者が期待するパフォーマンス特性を実現します。平均的な状況での検索（ルックアップ）、挿入、更新、削除の時間計算量は $O(1)$ です。

Python に含まれている標準の dict 実装を使用しない理由はほとんどありません。ただし、サードパーティからスキップリストや B 木ベースのディクショナリなどの特別なディクショナリ実装が提供されています。

Python の標準ライブラリにも、「標準」の dict オブジェクトの他に、特別なディクショナリ実装がいくつか含まれています。これらの特別なディクショナリはすべて組み込みのディクショナリクラスに基づいており、同じパフォーマンス特性を共有しますが、便利な機能をいくつか追加しています。

それらを詳しく見てみましょう。

● collections.OrderedDict：キーが挿入された順序を記憶する

Python には、ディクショナリにキーが追加された順序を記憶する dict のサブクラスが含まれています。それが collections.OrderedDict[6] です。

CPython 3.6 以降の標準の dict インスタンスはキーが挿入された順序を記憶しますが、それは CPython の実装上の副作用にすぎず、言語の仕様に定義されているわけではありません[7]。このため、アルゴリズムの動作にとってキーの順序が重要である場合は、そのことが明確に伝わるように OrderedDict クラスを明示的に使用するのが得策です。

なお、OrderedDict はコア言語に組み込まれておらず、標準ライブラリの collections モジュールからインポートする必要があります。

---

[6] Python 公式ドキュメントの「collections.OrderedDict」を参照。
https://docs.python.org/3/library/collections.html#collections.OrderedDict
[7] https://mail.python.org/pipermail/python-dev/2016-September/146327.html

```
>>> import collections
>>> d = collections.OrderedDict(one=1, two=2, three=3)
>>> d
OrderedDict([('one', 1), ('two', 2), ('three', 3)])

>>> d['four'] = 4
>>> d
OrderedDict([('one', 1), ('two', 2), ('three', 3), ('four', 4)])

>>> d.keys()
odict_keys(['one', 'two', 'three', 'four'])
```

● collections.defaultdict：存在しないキーに対してデフォルト値
を返す

defaultdict クラス[8] もディクショナリのサブクラスの1つです。このクラスはコンス
トラクタで呼び出し可能オブジェクトを受け取ります。そして、リクエストされたキーが
見つからない場合は、その呼び出し可能オブジェクトの戻り値が使用されます。

このクラスを利用すると、通常のディクショナリで get メソッドを使用したり、KeyError
例外をキャッチしたりする場合よりも入力の手間が省け、プログラマの意図がより明白に
なります。

```
>>> from collections import defaultdict
>>> dd = defaultdict(list)

# 存在しないキーにアクセスすると, デフォルトのファクトリ (この場合は list())
# を使ってディクショナリが作成され, 初期化される
>>> dd['dogs'].append('Rufus')
>>> dd['dogs'].append('Kathrin')
>>> dd['dogs'].append('Mr Sniffles')
>>> dd['dogs']
['Rufus', 'Kathrin', 'Mr Sniffles']
```

---

[8] Python 公式ドキュメントの「collections.defaultdict」を参照。
https://docs.python.org/3/library/collections.html#collections.defaultdict

● collections.ChainMap：複数のディクショナリを単一のマッピングとして検索する

collections.ChainMap[9] は、複数のディクショナリを 1 つのマッピングにまとめるデータ構造です。検索では、キーが見つかるまでマッピングを 1 つずつ調べていきます。挿入、更新、削除は、このチェーンに最初に追加されたマッピングにのみ適用されます。

```
>>> from collections import ChainMap
>>> dict1 = {'one': 1, 'two': 2}
>>> dict2 = {'three': 3, 'four': 4}
>>> chain = ChainMap(dict1, dict2)
>>> chain
ChainMap({'one': 1, 'two': 2}, {'three': 3, 'four': 4})

# ChainMap はキーが見つかるまで（または検索に失敗するまで）
# チェーン内の各コレクションを左から順に調べていく
>>> chain['three']
3
>>> chain['one']
1
>>> chain['missing']
…略…
KeyError: 'missing'
```

● types.MappingProxyType：読み取り専用ディクショナリを作成するためのラッパー

MappingProxyType[10] は標準のディクショナリに対するラッパーであり、ラッピングされたディクショナリのデータを読み取り専用のビューとして提供します。MappingProxyType は Python 3.3 で追加されたクラスであり、ディクショナリのイミュータブルなプロキシの作成に使用できます。

MappingProxyType が役立つのは、たとえばクラスまたはモジュールの内部状態をディクショナリとして返したいが、このオブジェクトへの書き込みアクセスは阻止したい、という場合です。MappingProxyType を利用すれば、最初にディクショナリの完全なコピーを作成しなくても、そうした制限を課すことができます。

---

[9]　Python 公式ドキュメントの「collections.ChainMap」を参照。
https://docs.python.org/3/library/collections.html#collections.ChainMap
[10]　Python 公式ドキュメントの「types.MappingProxyType」を参照。
https://docs.python.org/3/library/types.html#types.MappingProxyType

```
>>> from types import MappingProxyType
>>> writable = {'one': 1, 'two': 2}
>>> read_only = MappingProxyType(writable)

>>> read_only['one']          # プロキシは読み取り専用
1
>>> read_only['one'] = 23
…略…
TypeError: 'mappingproxy' object does not support item assignment

>>> writable['one'] = 42      # 元のディクショナリへの更新は
>>> read_only                 # プロキシに反映される
mappingproxy({'one': 42, 'two': 2})
```

● Python のディクショナリ：まとめ

ここで取り上げた Python のディクショナリ実装はすべて Python の標準ライブラリに組み込まれている有効な実装です。

各自のプログラムでどのマッピング型を使用すればよいかに関してアドバイスを求められたとしたら、筆者が推奨するのは組み込みの dict データ型です。dict は用途の広い最適化されたハッシュテーブル実装であり、コア言語に直接組み込まれています。

dict ではうまく対応できない特別な要件がある場合は、ここであげた他のデータ型の 1 つを試してみてください。

もちろん、それらのデータ型はどれも有効な選択肢であると考えていますが、ほとんどの状況で Python の標準のディクショナリを使用すれば、通常はコードがより明確になり、他の開発者によるメンテナンスも容易になるでしょう。

● ここがポイント

- ディクショナリは Python の中心的なデータ構造である。
- ほとんどの場合は、組み込みの dict 型で「十分に」対応できる。
- 読み取り専用のディクショナリや順序付きのディクショナリといった特別な実装は、Python の標準ライブラリで提供されている。

5.2 配列

配列（array）は、ほとんどのプログラミング言語で提供されている基本的なデータ構造です。配列はさまざまなアルゴリズムで幅広い用途に使用されています。

ここでは、Python での配列の実装について見ていきます。ここで紹介するのは、コア

言語の機能か、Python の標準ライブラリに含まれている機能のみを使用するものです。

それぞれのユースケースに適した実装を判断できるようにするために、ここでは各アプローチの長所と短所を具体的に見ていきます。ですがその前に、基礎的な部分をいくつか確認しておきましょう。

配列はどのような仕組みで動作し、どのような目的で使用されるのでしょうか。

配列は固定長のデータレコードで構成されるため、各要素をそのインデックスに基づいて効率よく配置できます。

配列は隣接するメモリブロックに情報を格納するため、リンクリストのような**連結された**データ構造とは対照的に、**連続的な**データ構造と見なされます。

現実世界で言うと、配列は駐車場にたとえることができます。

> 駐車場全体は 1 つのオブジェクトとして扱うことができるが、駐車場の中には一意な番号が振られた駐車スペースが並んでいる。駐車スペースは車両を入れる場所（コンテナ）である。それぞれの駐車スペースは空いているか、自動車やオードバイなどの車両が駐車されている。

ただし、すべての駐車場が同じというわけではありません。

> 駐車場によっては、1 種類の車両に限定されていることがある。たとえば、キャンピングカーの駐車場にオートバイを駐車することはできない。「制限付きの」駐車場は「型付きの配列」に相当する。型付きの配列に格納できるのは、同じデータ型の要素だけである。

パフォーマンスに関しては、配列に含まれている要素はその要素のインデックスに基づいて非常にすばやく検索できます。配列が正しく実装されているとすれば、定数時間 $O(1)$ でアクセスできることが保証されます。

Python の標準ライブラリには、配列のようなデータ構造がいくつか含まれており、それぞれ少し異なる特性を備えています。これらのデータ構造を詳しく見てみましょう。

● list：ミュータブルな動的配列

リスト（list）[11] は Python のコア言語の一部です。その名前とは裏腹に、Python のリストは**動的配列**（dynamic array）として実装されます。つまり、リストでは要素を追加したり削除したりすることが可能です。リストはメモリを確保したり解放したりしながら、それらの要素が格納されるバッキングストアを自動的に調整します。

---

[11] Python 公式ドキュメントの「Lists」を参照。
https://docs.python.org/3.6/library/stdtypes.html#lists

　Python のリストには任意の要素を格納できます。Python では、関数を含め、「すべてのもの」がオブジェクトです。このため、さまざまな種類のデータ型を自由に組み合わせ、それらすべてを 1 つのリストに格納できます。

　これは強力な機能と言えますが、複数のデータ型を同時にサポートするとなると、通常はデータに隙間が生じることになります。結果として、データ構造全体が占めるスペースがより大きくなります。

```
>>> arr = ['one', 'two', 'three']
>>> arr[0]
'one'

>>> arr                         # リストの便利な表現
['one', 'two', 'three']

>>> arr[1] = 'hello'       # リストはミュータブル
>>> arr
['one', 'hello', 'three']

>>> del arr[1]
>>> arr
['one', 'three']

>>> arr.append(23)            # リストには任意のデータ型を格納できる
>>> arr
['one', 'three', 23]
```

● tuple：イミュータブルなコンテナ

　リストと同様に、**タブル** (tuple) [12] も Python のコア言語の一部です。ただし、リストとは異なり、Python の tuple オブジェクトはイミュータブル（不変）です。つまり、要素の追加や削除を動的に行うことはできません。タプル内の要素はすべて作成時に定義されなければなりません。

　リストと同様に、タプルには任意のデータ型の要素を格納できます。この柔軟性は大きなメリットですが、やはりリストと同様に、型付きの配列ほどデータがぎゅうぎゅう詰めにならず、隙間ができることになります。

```
>>> arr = 'one', 'two', 'three'
>>> arr[0]
```

---

[12]　Python 公式ドキュメントの「tuple」を参照。
https://docs.python.org/3/library/stdtypes.html#tuple

```
’one’

>>> arr                    # タプルの便利な表現
(’one’, ’two’, ’three’)

>>> arr[1] = ’hello’       # タプルはイミュータブル
…略…
TypeError: ’tuple’ object does not support item assignment

>>> del arr[1]
…略…
TypeError: ’tuple’ object doesn’t support item deletion

# タプルには任意のデータ型を格納できる
# （要素を追加するとタプルのコピーが作成される）
>>> arr + (23,)
(’one’, ’two’, ’three’, 23)
```

● array.array：基本的な型付き配列

Python の array モジュールは、バイト、32 ビット整数、浮動小数点数など、基本的な C スタイルのデータ型に対して空間効率のよいストレージを提供します。

array.array クラスから作成される配列はミュータブル（可変）であり、リストと同じように動作しますが、重要な違いが 1 つあります。それらが「型付きの配列」で、単一のデータ型に制限されることです[13]。

この制約のおかげで、多くの要素を格納している array.array オブジェクトのほうが、リストやタプルよりも空間効率がよくなります。array.array オブジェクトに格納される要素は隙間なく埋まっています。同じ型の要素を大量に格納する必要がある場合は、このことが有利に働く可能性があります。

また、配列は通常のリストと同じメソッドの多くをサポートしているため、リストの代わりに配列を使用したい場合は、（アプリケーションの他のコードを変更せずに）単純に置き換えるだけで済むかもしれません。

```
>>> import array
>>> arr = array.array(’f’, (1.0, 1.5, 2.0, 2.5))
>>> arr[1]
1.5
```

---

[13] Python 公式ドキュメントの「array.array」を参照。
https://docs.python.org/3/library/array.html#array.array

```
>>> arr                    # 配列の便利な表現
array('f', [1.0, 1.5, 2.0, 2.5])

>>> arr[1] = 23.0          # 配列はミュータブル
>>> arr
array('f', [1.0, 23.0, 2.0, 2.5])

>>> del arr[1]
>>> arr
array('f', [1.0, 2.0, 2.5])

>>> arr.append(42.0)
>>> arr
array('f', [1.0, 2.0, 2.5, 42.0])

>>> arr[1] = 'hello'        # 配列は「型付き」
…略…
TypeError: must be real number, not str
```

● str：Unicode 文字からなるイミュータブルな配列

　Python 3.x は、テキストデータを Unicode 文字からなるイミュータブルなシーケンスとして格納するために str オブジェクト[14] を使用します。このことは、事実上、str がイミュータブルな文字配列であることを意味します。妙な話ですが、str は再帰的なデータ構造でもあります。つまり、文字列内の各文字も長さが 1 の str オブジェクトなのです。

　文字列オブジェクトは隙間なく埋まっており、データ型も 1 つだけなので、空間効率がよいという特徴があります。Unicode テキストを格納する場合は、文字列オブジェクトを使用すべきです。Python の文字列はイミュータブルであるため、文字列を変更するには、変更を加えたコピーを作成しなければなりません。「ミュータブルな文字列」に最も近いのは、個々の文字をリストに格納することです。

```
>>> arr = 'abcd'
>>> arr[1]
'b'

>>> arr
'abcd'

>>> arr[1] = 'e'              # 文字列はイミュータブル
```

---

[14]　Python 公式ドキュメントの「Text Sequence Type — str」を参照。
https://docs.python.org/3/library/stdtypes.html#text-sequence-type-str

```
…略…
TypeError: 'str' object does not support item assignment

>>> del arr[1]
…略…
TypeError: 'str' object doesn't support item deletion

>>> list('abcd')                # 文字列をリストに展開すると，
['a', 'b', 'c', 'd']            # ミュータブル表現が得られる
>>> ''.join(list('abcd'))
'abcd'

>>> type('abc')                 # 文字列は再帰的なデータ構造
"<class 'str'>"
>>> type('abc'[0])
"<class 'str'>"
```

● bytes：シングルバイトからなるイミュータブルな配列

バイトオブジェクト[15] は、シングルバイト（0 <= x <= 255 の範囲の整数）からなるイミュータブルなシーケンスです。概念的には str オブジェクトに似ており、イミュータブルなバイト配列として考えることもできます。

文字列と同様に、bytes クラスにはオブジェクトを作成するためのリテラル構文があり、やはり空間効率がよいという特徴があります。bytes オブジェクトはイミュータブルですが、bytearray という「ミュータブルなバイト配列」が存在するため、そこにデータをアンパックできます。その点で、文字列とは異なっています。bytearray については、次項で改めて説明します。

```
>>> arr = bytes((0, 1, 2, 3))
>>> arr[1]
1

>>> arr                         # バイトリテラル固有の構文
b'\x00\x01\x02\x03'
>>> arr = b'\x00\x01\x02\x03'

>>> bytes((0, 300))             # 有効な「バイト」だけが許可される
…略…
ValueError: bytes must be in range(0, 256)
```

---

[15]　Python 公式ドキュメントの「Bytes Objects」を参照。
https://docs.python.org/3/library/stdtypes.html#bytes-objects

```
>>> arr[1] = 23          # バイトはイミュータブル
…略…
TypeError: 'bytes' object does not support item assignment

>>> del arr[1]
…略…
TypeError: 'bytes' object doesn't support item deletion
```

● bytearray：シングルバイトからなるミュータブルな配列

bytearray 型[16] は、シングルバイト（0 <= x <= 255 の範囲の整数）からなるミュータブルなシーケンスです。bytearray オブジェクトは bytes オブジェクトと密接な関係にあり、主な違いはバイト配列を自由に変更できることです。つまり、要素を上書きしたり、既存の要素を削除したり、新しい要素を追加したりできます。bytearray オブジェクトはそれらの変更に従って拡大縮小します。

bytearray オブジェクトはイミュータブルな bytes オブジェクトに戻すことができますが、その場合は格納されているデータをすべてコピーする必要があります。これは低速な処理であり、$O(n)$ 時間がかかります。

```
>>> arr = bytearray((0, 1, 2, 3))
>>> arr[1]
1

>>> arr                       # bytearray の表現
bytearray(b'\x00\x01\x02\x03')

>>> arr[1] = 23               # bytearray はミュータブル
>>> arr
bytearray(b'\x00\x17\x02\x03')
>>> arr[1]
23

>>> del arr[1]                # bytearray のサイズは拡大縮小が可能
>>> arr
bytearray(b'\x00\x02\x03')

>>> arr.append(42)
>>> arr
bytearray(b'\x00\x02\x03*')
```

---

[16] Python 公式ドキュメントの「bytearray」を参照。
https://docs.python.org/3.1/library/functions.html#bytearray

```
# bytearray に格納できるのは「バイト」（0 <= x <= 255 の範囲の整数）のみ
>>> arr[1] = 'hello'
…略…
TypeError: 'str' object cannot be interpreted as an integer

>>> arr[1] = 300
…略…
ValueError: byte must be in range(0, 256)

# バイト配列はバイトオブジェクトに戻すことができる
#（その場合はデータがコピーされる）
>>> bytes(arr)
b'\x00\x02\x03*'
```

● ここがポイント

Python には、配列の実装に使用できる組み込みのデータ型がいくつかあります。ここでは、コア言語の機能と標準ライブラリに含まれているデータ構造を重点的に取り上げました。

Python の標準ライブラリにこだわらない場合は、**NumPy**[17] などのサードパーティのパッケージを調べてみるとよいでしょう。これらのパッケージは科学計算やデータサイエンス用の高速な配列実装を幅広く提供しています。

Python に含まれている配列データ構造に限定すると、次のような選択肢があります。

- **任意のオブジェクトを格納する必要があり、複数のデータ型が混在する可能性がある場合**
  イミュータブルなデータ構造が必要かどうかに応じて、list または tuple を使用してください。

- **数値データ（整数または浮動小数点数）があり、データを隙間なく埋めることとパフォーマンスが重要である場合**
  array.array を試して、すべての要件が満たされるかどうかを確認してください。また、標準ライブラリにこだわるのではなく、NumPy や pandas などのパッケージを試してみることも検討してください。

- **Unicode 文字として表されたテキストデータがある場合**
  Python の組み込みの str を使用してください。「ミュータブルな文字列」が必要な場合は、それらの文字を list に格納してください。

---

[17] https://numpy.org/

- **連続するバイトブロックを格納したい場合**

  イミュータブルな bytes を使用してください。ミュータブルなデータ構造が必要な場合は、bytearray を使用してください。

ほとんどの状況では、筆者は最初に単純な list を試してみることにしています。他の選択肢を試してみるのは、パフォーマンスやストレージ領域が問題になる場合だけです。ほとんどの場合、開発時間が最も短縮され、プログラミングにとって最も便利なのは、list のような汎用的な配列データ構造を使用することです。

筆者が気づいたのは、このようにして作業を始めるほうが、最初からパフォーマンスを一滴残らず絞り出そうとするよりも、通常はずっと重要であることでした。

5.3 レコード、構造体、DTO

レコードデータ構造を配列と比較してみましょう。レコードの場合は、フィールドの数が固定であり、各フィールドに名前を付けることができます。また、型が同じである必要もありません。

ここでは、標準ライブラリに含まれている組み込みのデータ型とクラスだけを用いて、レコード、構造体、「一般的なデータオブジェクト」を実装する方法を示します。

ちなみに、ここでの「レコード」の定義は大まかなものです。たとえば、ここでは Python の組み込みの tuple のような型も取り上げます。Python の tuple は名前付きのフィールドを提供しないため、厳密には、レコードとは見なされない可能性があります。

Python には、レコード、構造体、データ転送オブジェクト（DTO）の実装に使用できるさまざまなデータ型があります。ここでは、それぞれの実装とそのユニークな特徴をざっと見ていきます。最後のまとめとガイドラインは実際に選択を行うときに役立つでしょう。

それでは始めましょう。

● dict：単純なデータオブジェクト

Python のディクショナリは、任意の個数のオブジェクトを格納します。それらのオブジェクトは一意なディクショナリキーによって識別されます[18]。ディクショナリは**マップ**や**連想配列**とも呼ばれ、特定のキーに関連付けられたオブジェクトの検索（ルックアップ）、挿入、削除を効率よく行うことができます。

Python では、ディクショナリをレコードデータ型やデータオブジェクトとして使用することが可能です。リテラル形式の糖衣構文が言語に組み込まれているため、ディクショナ

---

[18] 5.1 節を参照。

リを作成するのは簡単です。ディクショナリの構文は簡潔で、入力の手間もかかりません。

　ディクショナリを使って作成されたデータオブジェクトはミュータブルです。フィールドの追加や削除をいつでも自由に行うことができるため、フィールド名の入力ミスを防ぐ手立てはほとんどありません。こうした特性は予期せぬバグの温床となるため、利便性と誤り耐性との妥協点を常に模索することになります。

```
car1 = {
    'color': 'red',
    'mileage': 3812.4,
    'automatic': True,
}
car2 = {
    'color': 'blue',
    'mileage': 40231,
    'automatic': False,
}
```

```
>>> car2                        # ディクショナリの便利な表現
{'color': 'blue',  'mileage': 40231, 'automatic': False}

>>> car2['mileage']             # 総走行距離を取得
40231

>>> car2['mileage'] = 12     # ディクショナリはミュータブル
>>> car2['windshield'] = 'broken'
>>> car2
{'color': 'blue', 'mileage': 12, 'automatic': False, 'windshield': 'broken'}

# フィールド名の誤りやフィールドの過不足への対策がない
>>> car3 = {
...     'colr': 'green',
...     'automatic': False,
...     'windshield': 'broken',
... }
```

● tuple：オブジェクトのイミュータブルなグループ

　Python のタプルは、任意のオブジェクトをグループにまとめるための単純なデータ構造です。タプルはイミュータブルであり、一度作成したら変更することはできません。

　パフォーマンスに関しては、タプルは CPython のリストよりも若干メモリ消費量が少

なく[19]、構築もより高速です。

次に示すのは、バイトコードの逆アセンブリです。このコードからわかるように、タプル定数の構築は LOAD_CONST オペコードだけで済みますが、同じ内容のリストオブジェクトを構築するには、さらにいくつかの演算が必要になります。

```
>>> import dis
>>> dis.dis(compile("(23, 'a', 'b', 'c')", '', 'eval'))
  1           0 LOAD_CONST               0 ((23, 'a', 'b', 'c'))
              2 RETURN_VALUE

>>> dis.dis(compile("[23, 'a', 'b', 'c']", '', 'eval'))
  1           0 LOAD_CONST               0 (23)
              2 LOAD_CONST               1 ('a')
              4 LOAD_CONST               2 ('b')
              6 LOAD_CONST               3 ('c')
              8 BUILD_LIST               4
             10 RETURN_VALUE
```

とはいえ、これらの違いを重視しすぎないようにしてください。実際には、パフォーマンスの差はたいてい無視できるほどなので、プログラムのパフォーマンスを少しでも向上させようとしてリストからタプルへ切り替えるのは間違ったアプローチの可能性があります。

通常のタプルには、タプルに格納されているデータに整数のインデックスでアクセスしなければならないという潜在的な欠点があります。タプルに格納される個々のプロパティに名前を付けることはできません。このことはコードの読みやすさに影響を与える可能性があります。

また、タプルは常にアドホックな構造です。2つのタプルの間で、フィールドの個数を揃えたり、同じプロパティが格納されるようにしたりするのは容易なことではありません。

このため、注意していないと、フィールドの順序を間違えるといった「度忘れ」バグが簡単に紛れ込んでしまいます。タプルに格納するフィールドの数はできるだけ少なく保つことをお勧めします。

```
# フィールド：color, mileage, automatic
>>> car1 = ('red', 3812.4, True)
>>> car2 = ('blue', 40231.0, False)

>>> car1                    # タプルインスタンスの便利な表現
('red', 3812.4, True)
```

---

[19] https://github.com/python/cpython/blob/master/Include/tupleobject.h
https://github.com/python/cpython/blob/master/Include/listobject.h

```
>>> car2
('blue', 40231.0, False)

>>> car2[1]                   # 総走行距離を取得
40231.0

>>> car2[1] = 12              # タプルはイミュータブル
…略…
TypeError: 'tuple' object does not support item assignment

# フィールドの過不足や順序の取り違えを防ぐ対策がない
>>> car3 = (3431.5, 'green', True, 'silver')
```

● カスタムクラスの作成：手間をかけるほど制御力が高まる

クラスを使ってデータオブジェクトの再利用可能な「設計図」を定義すれば、各オブジェクトで同じ一連のフィールドを提供できるようになります。

Python の通常のクラスをレコードデータ型として使用することは可能ですが、他の実装で提供されているような便利な機能を利用したい場合は、それなりに手間がかかります。たとえば、__init__ コンストラクタに新しいフィールドを追加するには、手間と時間がかかります。

また、カスタムクラスからインスタンス化されたオブジェクトのデフォルトの文字列表現はあまり便利ではありません。この文字列表現を修正するには、__repr__ メソッドを独自に追加する必要があるかもしれません[20]。これも手間のかかる作業であり、しかも新しいフィールドを追加するたびに更新が必要になってしまいます。

クラスに定義されているフィールドはミュータブルであり、新しいフィールドも自由に追加できます。このことが望ましいかどうかは状況によります。アクセス制御をさらに強化するために、@property デコレータ[21] を使って読み取り専用フィールドを作成することも可能ですが、この場合もさらにグルーコードを書かなければなりません。

カスタムクラスの作成が魅力的な選択肢となるのは、レコードオブジェクトにメソッドを使ってビジネスロジックや**振る舞い**を追加したい場合です。ですがそれは、それらのオブジェクトが厳密には通常のデータオブジェクトではなくなることを意味します。

```
class Car:
    def __init__(self, color, mileage, automatic):
```

---

[20]　4.2 節を参照。
[21]　Python 公式ドキュメントの「property」を参照。
https://docs.python.org/3/library/functions.html#property

```
            self.color = color
            self.mileage = mileage
            self.automatic = automatic
```

```
>>> car1 = Car('red', 3812.4, True)
>>> car2 = Car('blue', 40231.0, False)

>>> car2.mileage                 # 総走行距離を取得
40231.0

>>> car2.mileage = 12            # クラスはミュータブル
>>> car2.windshield = 'broken'

# 文字列表現はあまり役に立たない
# （__repr__メソッドを明示的に追加しなければならない）
>>> car1
<__main__.Car object at 0x1081e69e8>
```

● collections.namedtuple：便利なデータオブジェクト

Python 2.6 以降で利用できる namedtuple クラスは、組み込みの tuple データ型の拡張です[22]。カスタムクラスを定義するのと同様に、namedtuple を使ってカスタムレコードの再利用可能な「設計図」を定義すれば、正しいフィールド名が確実に使用されるようになります。

名前付きタプルは通常のタプルと同じようにイミュータブルです。つまり、名前付きタプルをインスタンス化した後は、新しいフィールドを追加したり、既存のフィールドを変更したりすることは不可能になります。

それに加えて、名前付きタプルはその名のとおり、「名前の付いたタプル」です。名前付きタプルに格納されている各オブジェクトには、一意な識別子を使ってアクセスできます。このため、整数のインデックスを覚えておく必要はなく、インデックスのニーモニックとして整数型の定数を定義するといった対処法を用いる必要もありません。

名前付きタプルオブジェクトは、内部では通常の Python クラスとして実装されます。メモリ使用量に関しては、通常のクラスよりも「効率的」で、通常のタプルとまったく同じくらい効率的です[23]。

---

[22] 4.6 節を参照。

[23] **【訳注】**：Python 3.8 では、最適化によってリストやタプルのメモリ消費量が少なくなっており、namedtuple でのフィールドのルックアップが大幅に高速化されている。たとえば、この getsizeof 呼び出しでは（72 ではなく）64 が返される。

```
>>> from collections import namedtuple
>>> from sys import getsizeof

>>> p1 = namedtuple('Point', 'x y z')(1, 2, 3)
>>> p2 = (1, 2, 3)

>>> getsizeof(p1)
72
>>> getsizeof(p2)
72
```

名前付きタプルを使ってデータをより適切に構造化すれば、コードを整理して読みやすくすることができます。

たとえば、固定のフォーマットを持つディクショナリなどのアドホックなデータ型から名前付きタプルに切り替えると、コードの意図をより明確に表現するのに役立つことがわかっています。このリファクタリングを試したところ、悩んでいた問題がうそのように解決した、ということもよくあります。

通常の（非構造化）タプルやディクショナリの代わりに名前付きタプルを使用すると、やり取りされるデータが（ある程度）自己文書化されるため、チームメンバーの作業も楽になります。

```
>>> from collections import namedtuple
>>> Car = namedtuple('Car', 'color mileage automatic')
>>> car1 = Car('red', 3812.4, True)

>>> car1                        # インスタンスの便利な表現
Car(color='red', mileage=3812.4, automatic=True)

>>> car1.mileage                # フィールドにアクセス
3812.4

>>> car1.mileage = 12           # フィールドはイミュータブル
…略…
AttributeError: can't set attribute
>>> car1.windshield = 'broken'
…略…
AttributeError: 'Car' object has no attribute 'windshield'
```

● typing.NamedTuple：改良された名前付きタプル

NamedTuple[24] は Python 3.6 で追加されたクラスであり、collections.namedtuple クラスの弟にあたります。namedtuple によく似ていますが、主な違いは、新しい種類の レコードを定義する構文が新しくなっていることと、型ヒント（型アノテーション）が追加されたことです。

なお、**mypy**[25] などの型チェックツールを別途使用しない限り、型アノテーションが適用されないことに注意してください。ただし、ツールのサポートがなくても、他のプログラマにとって役立つヒントを提供することは可能です（古くなった型ヒントほどやっかいなものはありません）。

```python
from typing import NamedTuple

class Car(NamedTuple):
    color: str
    mileage: float
    automatic: bool
```

```python
>>> car1 = Car('red', 3812.4, True)

>>> car1                    # インスタンスの便利な表現
Car(color='red', mileage=3812.4, automatic=True)

>>> car1.mileage            # フィールドにアクセス
3812.4

>>> car1.mileage = 12       # フィールドはイミュータブル
…略…
AttributeError: can't set attribute
>>> car1.windshield = 'broken'
…略…
AttributeError: 'Car' object has no attribute 'windshield'

# mypy などの型チェックツールを別途使用しない限り、
# 型アノテーションは適用されない
>>> Car('red', 'NOT_A_FLOAT', 99)
Car(color='red', mileage='NOT_A_FLOAT', automatic=99)
```

---

[24] Python 公式ドキュメントの「typing.NamedTuple」を参照。
https://docs.python.org/3/library/typing.html#typing.NamedTuple
[25] http://mypy-lang.org/

● struct.Struct：シリアライズされた C の構造体

struct.Struct クラス[26] は、Python の値と、Python の bytes オブジェクトとして表された（シリアライズされた）C の構造体との間で変換を行います。たとえば、ファイルに保存されているバイナリデータや、ネットワーク接続から得られたバイナリデータの処理に使用できます。

これらの構造体はフォーマット文字列のようなミニ言語を使って定義されます。この言語では、char、int、long とそれらの unsigned バージョンなど、さまざまな C のデータ型のアラインメントを定義できます。

データオブジェクトが Python コードの中だけで処理されるものである場合、そうしたオブジェクトを表すためにシリアライズされた構造体が使用されることはまずありません。シリアライズされた構造体の第一の目的はデータ交換フォーマットであり、Python コードでのみ使用されるデータをメモリに格納する手段ではありません。

場合によっては、プリミティブデータを構造体にまとめるほうが、他のデータ型に格納するよりもメモリ消費量が少なくなることがあります。ですがほとんどの場合、それはかなり高度な（そしておそらく無駄な）最適化です。

```
>>> from struct import Struct
>>> MyStruct = Struct('i?f')
>>> data = MyStruct.pack(23, False, 42.0)

>>> data                      # データブロブが返されるだけ
b'\x17\x00\x00\x00\x00\x00\x00\x00\x00\x00(B'

>>> MyStruct.unpack(data)    # データブロブを再びアンパック
(23, False, 42.0)
```

● types.SimpleNamespace：高度な属性アクセス

types.SimpleNamespace[27] は、Python でデータオブジェクトを実装するための「秘策」の 1 つです。このクラスは Python 3.3 で追加されたもので、その名前空間への属性アクセスを提供します。

SimpleNamespace クラスのインスタンスは、そのすべてのキーをクラス属性として提供します。つまり、通常のディクショナリのように obj['key'] 形式の角かっこ構文を

---

[26] Python 公式ドキュメントの「struct.Struct」を参照。
https://docs.python.org/3/library/struct.html#struct.Struct
[27] Python 公式ドキュメントの「types.SimpleNamespace」を参照。
https://docs.python.org/3/library/types.html#types.SimpleNamespace

使って属性にアクセスするのではなく、obj.key 形式のドット構文を使って属性にアクセスできます。また、すべてのインスタンスに意味のある__repr__メソッドがデフォルトで含まれています。

SimpleNamespace はその名のとおりにシンプルです。基本的には、属性へのアクセスと出力をうまく行うことができる美化されたディクショナリであり、属性の追加、変更、削除を自由に行うことができます。

```
>>> from types import SimpleNamespace
>>> car1 = SimpleNamespace(color='red', mileage=3812.4, automatic=True)

# デフォルトの表現
>>> car1
namespace(automatic=True, color='red', mileage=3812.4)

# インスタンスは属性アクセスをサポートし、ミュータブルである
>>> car1.mileage = 12
>>> car1.windshield = 'broken'
>>> del car1.automatic
>>> car1
namespace(color='red', mileage=12, windshield='broken')
```

● ここがポイント

さて、Python のデータオブジェクトにはどの型を使用すべきでしょうか。ここまで見てきたように、レコードやデータオブジェクトを実装するための選択肢は山ほどあります。一般的に言えば、どれを選択するかはそれぞれのユースケース次第です。

- **フィールドが 2〜3 個だけである場合**
  フィールドの順序を覚えておくのは簡単である、あるいはフィールド名が不要な場合は、通常のタプルオブジェクトで十分でしょう。たとえば、3 次元空間の座標（x, y, z）を思い浮かべてみてください。
- **イミュータブルなフィールドが必要な場合**
  この種のデータオブジェクトの実装には、通常のタプル、collections.namedtuple、typing.NamedTuple をどれでも使用できます。
- **フィールド名を固定にして入力ミスを防ぐ必要がある場合**
  この場合は collections.namedtuple と typing.NamedTuple が適しています。
- **すべてをシンプルに保ちたい場合**
  通常のディクショナリオブジェクトは JSON そっくりの使いやすい構文を使用するため、よい選択肢かもしれません。

- **データ構造を完全に制御する必要がある場合**

  @property セッター／ゲッターを持つカスタムクラスを記述するとよいでしょう。

- **オブジェクトに振る舞い（メソッド）を追加する必要がある場合**

  カスタムクラスを一から記述するか、collections.namedtuple または typing.N amedTuple の拡張クラスとして記述する必要があります。

- **データをディスクに保存する、あるいはネットワーク経由で送信するために小さくまとめる必要がある**

  struct.Struct を使用するのにうってつけの状況なので、その説明をよく読んでください。

Python で通常のレコード、構造体、またはデータオブジェクトを実装するための安全なデフォルトの選択肢を探している場合、一般的に推奨されるのは、Python 2.x の collections.namedtuple か、その弟である Python 3 の typing.NamedTuple を使用することです。

5.4 セットとマルチセット

ここでは、ミュータブルまたはイミュータブルなセットとマルチセット（バッグ）を Python で実装する方法を紹介します。これらの実装には、組み込みのデータ型と標準ライブラリに含まれているクラスを使用します。ですがその前に、セットデータ構造について簡単に復習しておきましょう。

セット（set）とは、順序を持たないオブジェクトのコレクションのことです。セットでは、要素の重複は許可されません。一般的には、値が集合に属しているかどうかをすばやくテストする、集合に新しい値を挿入する、集合から値を削除する、または 2 つの集合の和集合や積集合（共通部分）を計算するために使用されます。

セットの「正しい」実装では、値が集合に属しているかどうかのテストは高速に（$O(1)$ 時間で）実行されると想定されます。和集合、積集合、差集合、部分集合の計算にかかる時間は、平均で $O(n)$ 時間になるはずです。Python の標準ライブラリに含まれているセット実装は、これらのパフォーマンス特性を満たしています[28] 。

ディクショナリと同様に、セットも Python では特別扱いされており、その作成を容易にする糖衣構文が用意されています。たとえば、波かっこを使ったセット式構文とセット内包表記を使用すれば、新しいセットインスタンスを簡単に定義できます。

---

[28] https://wiki.python.org/moin/TimeComplexity

```
vowels = {'a', 'e', 'i', 'o', 'u'}
squares = {x * x for x in range(10)}
```

ただし、注意しなければならない点があります。**空のセット**を作成するには、set コンストラクタを呼び出さなければなりません。空の波かっこ（{}）を使用する方法はあいまいで、空のディクショナリが作成されてしまいます。

Python とその標準ライブラリには、さまざまなセット実装が含まれています。それらを見てみましょう。

● set：主力となるセット

set[29] は Python の組み込みのセット実装です。set 型はミュータブルであり、要素の挿入と削除を動的に行うことができます。

Python のセットは内部で dict データ型を使用しており、dict と同じパフォーマンス特性を共有します。ハッシュ可能オブジェクト[30] であれば、どれでもセットに格納できます。

```
>>> vowels = {'a', 'e', 'i', 'o', 'u'}
>>> 'e' in vowels
True

>>> letters = set('alice')
>>> letters.intersection(vowels)
{'a', 'e', 'i'}

>>> vowels.add('x')
>>> vowels
{'i', 'a', 'u', 'o', 'x', 'e'}

>>> len(vowels)
6
```

---

[29]　Python 公式ドキュメントの「Set Types — set, frozenset」を参照。
https://docs.python.org/3/library/stdtypes.html#set-types-set-frozenset
[30]　Python 公式ドキュメントの「hashable」を参照。
https://docs.python.org/3/glossary.html#term-hashable

● frozenset：イミュータブルなセット

frozenset クラス[31] は set のイミュータブルバージョンであり、一度作成したらあとから変更することはできません。frozenset は静的で、許可されるのは要素に対するクエリ操作だけです（挿入や削除は許可されません）。frozenset は静的で、ハッシュ可能であるため、ディクショナリキーや別のセットの要素として使用できます。これは通常の（ミュータブルな）set オブジェクトでは不可能なことです。

```
>>> vowels = frozenset({'a', 'e', 'i', 'o', 'u'})
>>> vowels.add('p')
…略…
AttributeError: 'frozenset' object has no attribute 'add'

# frozenset はハッシュ可能であり，ディクショナリキーとして使用できる
>>> d = { frozenset({1, 2, 3}): 'hello' }
>>> d[frozenset({1, 2, 3})]
'hello'
```

● collections.Counter：マルチセット

Python の標準ライブラリに含まれている collections.Counter クラス[32] は、マルチセットを実装します。マルチセットは要素が重複していてもよいセットであり、「バッグ」とも呼ばれます。

要素が重複していてもよいという特性は、ある要素がセットに**含まれているかどうか**だけでなく、セットに**いくつ含まれているか**を追跡する必要がある場合に役立ちます。

```
>>> from collections import Counter
>>> inventory = Counter()

>>> loot = {'sword': 1, 'bread': 3}
>>> inventory.update(loot)
>>> inventory
Counter({'bread': 3, 'sword': 1})

>>> more_loot = {'sword': 1, 'apple': 1}
>>> inventory.update(more_loot)
>>> inventory
```

---

[31] Python 公式ドキュメントの「frozenset」を参照。
https://docs.python.org/3/library/stdtypes.html#frozenset
[32] Python 公式ドキュメントの「collections.Counter」を参照。
https://docs.python.org/3/library/collections.html#collections.Counter

```
Counter({'bread': 3, 'sword': 2, 'apple': 1})
```

Counter クラスについて指摘しておきたい点が 1 つあります。Counter オブジェクト
に含まれている要素の個数を調べるときには注意が必要です。len 関数を呼び出したとき
に返されるのは、マルチセット内の**一意な**要素の個数だからです。要素の総数を取得した
い場合は、sum 関数を使用します。

```
>>> len(inventory)
3                           # 一意な要素の個数

>>> sum(inventory.values())
6                           # 要素の総数
```

● **ここがポイント**

- セットはよく使用される便利なデータ構造の 1 つであり、Python とその標準ラ
  イブラリに含まれている。
- ミュータブルなセットが必要な場合は、組み込みの set クラスを使用する。
- frozenset オブジェクトはハッシュ可能であり、ディクショナリまたはセットの
  キーとして使用できる。
- collections.Counter クラスはマルチセット (バッグ) データ構造を実装する。

5.5 スタック (LIFO)

スタック (stack) は、**LIFO** (Last In, First Out：後入れ先出し) をサポートするオブ
ジェクトのコレクションです。この方式での要素の挿入と削除は高速です。挿入操作は
プッシュ (push)、削除操作は**ポップ** (pop) とも呼ばれます。リストや配列とは異なり、
スタックに含まれているオブジェクトへのランダムなアクセスは一般に許可されません。

スタックデータ構造の現実世界でのたとえとして、**積み重ねた皿**を思い浮かべてみてく
ださい。

> 新しい皿は積み重ねた皿 (スタック) の一番上に追加される。皿は高価で重いため、
> 移動できるのは一番上の皿だけである (後入れ先出し)。下のほうにある皿を取り
> 出すには、一番上から皿を 1 枚ずつ取り出していく必要がある。

スタックはキューに似ています。どちらも線形のコレクションであり、それらの違いは

アイテムにアクセスする順序にあります。

　キューから削除されるのは「追加されてから最も時間が経っている」アイテム、つまり最も古いアイテムです。この方式を **FIFO**（First In, First Out：先入れ先出し）と呼びます。これに対し、**スタック**から削除されるのは「追加されてから最も時間が経っていない」アイテム、つまり最後に追加されたアイテムです（LIFO）。

　パフォーマンスに関して言うと、正しく実装されたスタックでは、挿入操作と削除操作にかかる時間は $O(1)$ と想定されます。

　スタックは、言語の解析や実行時のメモリ管理（コールスタック）など、アルゴリズムに幅広く利用されています。木構造やグラフ構造での深さ優先探索（DFS）は、スタックを使った短くて美しいアルゴリズムです。

　Python にはいくつかのスタック実装が含まれており、どれも特性が少し異なります。ここでは、それらの実装を調べ、それぞれの特性を比較します。

● list：シンプルな組み込みスタック

　Python の組み込みの `list` 型は、プッシュ操作とポップ操作を $O(1)$ 時間でサポートする点では、スタックデータ構造としての基準を満たしています[33]。

　Python のリストは、内部では動的配列として実装されます。つまり、要素が追加または削除されたら、リストに格納されている要素のストレージのサイズを調整しなければならないことがあります。そこで、リストはバッキングストアを余分に確保することで、プッシュやポップのたびにサイズを変更する必要をなくします。結果として、これらの操作の償却時間は $O(1)$ になります。

　これには欠点もあります。リンクリストに基づく実装（後ほど説明する `collections.deque` など）によって提供される安定した $O(1)$ 時間での挿入や削除と比べて、パフォーマンスに一貫性がないことです。一方で、リストがスタック内の要素に $O(1)$ 時間でランダムにアクセスできることは、付加価値であると言えるでしょう。

　リストをスタックとして使用する場合は、パフォーマンスに関して重要な注意点があります。

　挿入と削除に対して $O(1)$ の償却時間を達成するには、新しいアイテムを挿入するときにはリストの**末尾**に追加し、アイテムを削除するときにはリストの**末尾**から削除しなければなりません。アイテムをリストの末尾に追加するには `append` メソッドを使用し、アイテムをリストの末尾から削除するには `pop` メソッドを使用します。Python のリストベースのスタックが最適なパフォーマンスを実現するには、より大きなインデックスに向かっ

---

[33]　Python 公式ドキュメントの「Using lists as stacks」を参照。
https://docs.python.org/3/tutorial/datastructures.html#using-lists-as-stacks

て拡大し、より小さなインデックスに向かって縮小しなければなりません。

アイテムの追加と削除をリストの先頭で行うとしたら、新しい要素の場所を空けるために既存の要素をずらす必要があるため、時間計算量が大幅に増え、$O(n)$ になってしまいます。これはパフォーマンスのアンチパターンであり、何としても避けなければなりません。

```
>>> s = []
>>> s.append('eat')
>>> s.append('sleep')
>>> s.append('code')
>>> s
['eat', 'sleep', 'code']

>>> s.pop()
'code'
>>> s.pop()
'sleep'
>>> s.pop()
'eat'

>>> s.pop()
…略…
IndexError: pop from empty list
```

● collections.deque：高速で堅牢なスタック

deque クラス[34] は、リストの両端での要素の追加と削除を $O(1)$ 時間（非償却）でサポートする両端キューを実装します。両端キューでは、先頭でも末尾でも要素の追加と削除が同じようにサポートされるため、キューとしてもスタックとしても使用できます。

Python の deque オブジェクトは二重リンクリストとして実装されます。このため、要素の挿入と削除に関しては一貫して高いパフォーマンスを発揮しますが、スタックの途中にある要素にランダムにアクセスする場合のパフォーマンスは低く、$O(n)$ 時間になります[35]。

全体的に見て、collections.deque が適しているのは、リンクリスト実装のパフォーマンス特性を持つスタックデータ構造を Python の標準ライブラリで探している場合です。

```
>>> from collections import deque
>>> s = deque()
```

---

[34] Python 公式ドキュメントの「collections.deque」を参照。
https://docs.python.org/3/library/collections.html#collections.deque
[35] https://github.com/python/cpython/blob/master/Modules/_collectionsmodule.c

```
>>> s.append('eat')
>>> s.append('sleep')
>>> s.append('code')
>>> s
deque(['eat', 'sleep', 'code'])

>>> s.pop()
'code'
>>> s.pop()
'sleep'
>>> s.pop()
'eat'

>>> s.pop()
…略…
IndexError: pop from an empty deque
```

● queue.LifoQueue：並列計算のためのロックセマンティクス

Python の標準ライブラリに含まれているこのスタック実装は、複数のプロデューサとコンシューマを同時にサポートするために同期され、ロックセマンティクスを提供します[36]。

queue モジュールには、LifoQueue の他にも、並列計算に役立つマルチプロデューサ／マルチコンシューマキューを実装するクラスが含まれています。

ロックセマンティクスが助けになるのか、それとも無駄なオーバーヘッドを発生させるだけなのかは、ユースケースによります。この場合は、list か deque を汎用スタックとして使用するほうがよいでしょう。

```
>>> from queue import LifoQueue
>>> s = LifoQueue()
>>> s.put('eat')
>>> s.put('sleep')
>>> s.put('code')
>>> s
<queue.LifoQueue object at 0x108298dd8>

>>> s.get()
'code'
>>> s.get()
'sleep'
>>> s.get()
```

---

[36] Python 公式ドキュメントの「queue.LifoQueue」を参照。
https://docs.python.org/3/library/queue.html#queue.LifoQueue

```
'eat'

>>> s.get_nowait()
…略…
_queue.Empty

>>> s.get()
…ブロック状態となり、永遠に待機する…
```

● Python のスタック実装を比較する

ここまで見てきたように、Python にはスタックデータ構造のさまざまな実装が含まれています。それらの実装はどれも少し異なる特性を備えており、パフォーマンスやユーザビリティに関してトレードオフがあります。

並列処理のサポートが必要ない、あるいはロック／ロック解除を手動で行いたくない場合、選択肢は list 型か collections.deque クラスになります。これらの違いは、内部で使用されるデータ構造と全体的な使いやすさにあります。

- list は内部で動的配列を使用するため、ランダムアクセスが高速である。ただし、要素を追加または削除するときにサイズ変更が必要になることがある。リストはプッシュやポップのたびにサイズ変更が必要にならないようバッキングストアを余分に確保するため、これらの操作に対する償却時間計算量は $O(1)$ になる。ただし、append メソッドと pop メソッドを使って「先頭か末尾のどちらか正しい側」でのみ要素の挿入や削除を行うように注意する必要がある。そうしないと、パフォーマンスが $O(n)$ に低下する。
- collections.deque は内部で二重リンクリストを使用するため、リストの両端での追加と削除が最適化され、これらの操作で一貫したパフォーマンス（$O(1)$）が実現される。deque クラスでは、パフォーマンスがより安定するだけでなく、「正しくない側」での要素の追加や削除について心配する必要もなくなるため、使い勝手もよくなる。

まとめると、Python でスタック（LIFO キュー）を実装するのに最適な選択肢は collections.deque でしょう。

● ここがポイント

- Python には複数のスタック実装が含まれており、それぞれパフォーマンス特性とユーザビリティが少し異なる。
- collections.deque クラスは安全かつ高速な汎用のスタック実装を提供する。

- 組み込みの list 型はスタックとして使用できるが、パフォーマンスが低下するのを避けるために、要素の追加と削除には append メソッドと pop メソッドだけを使用するように注意しなければならない。

5.6 キュー（FIFO）

ここでは、Python の標準ライブラリに含まれている組み込みのデータ型とクラスだけを使って FIFO キューを実装する方法について説明します。ですがその前に、キューについて簡単に復習しておきましょう。

キュー（queue）は、**FIFO**（First In, First Out：先入れ先出し）をサポートするオブジェクトのコレクションです。この方式での要素の挿入と削除は高速です。挿入操作は**エンキュー**（enqueue）、削除操作は**デキュー**（dequeue）とも呼ばれます。リストや配列とは異なり、キューに含まれているオブジェクトへのランダムなアクセスは一般に許可されません。

FIFO キューを現実世界でたとえると、次のようになります。

> Python 開発者が PyCon の初日に参加登録手続きの列に並んでいる場面を想像してみよう。手続きを行うと、カンファレンスバッジが手渡される。会場にやってきた参加者はバッジを受け取るために列に並ぶため、待ち行列（キュー）の最後尾に並ぶことになる。参加者がバッジとスワッグバッグ[37] を受け取って列から抜けると、キューの先頭で削除（処理）が発生する。

キューデータ構造の特性を覚えておくために、**パイプ**をイメージする方法もあります。

> 新しいアイテム（水の分子、ピンポン球など）がパイプの一端から入ってもう一端まで移動し、そこで再び取り出される。アイテムがキュー（金属のパイプ）の中にある間は、それらを取り出すことはできない。キューに含まれているアイテムを操作するには、パイプの後ろから新しいアイテムを追加するか（エンキュー）、パイプの前からアイテムを削除するしかない（デキュー）。

キューはスタックに似ています。それらの違いはアイテムが削除される方法にあります。
キューから削除されるのは「追加されてから最も時間が経っている」アイテム、つまり最も古いアイテムです（FIFO）。**スタック**から削除されるのは「追加されてから最も時間が経っていない」アイテム、つまり最後に追加されたアイテムです（LIFO）。

---

[37] **【訳注】**：出展者のパンフレットや試供品などが入った袋。

パフォーマンスに関して言うと、正しく実装されたキューでは、挿入操作と削除挿入にかかる時間は $O(1)$ と想定されます。これらはキューで実行される 2 つの主な操作であり、正しい実装では高速に処理されるはずです。

キューはアルゴリズムに幅広く利用されており、スケジューリングや並列プログラミングの問題を解決するのに役立つことがよくあります。木構造やグラフ構造での幅優先探索 (BFS) は、キューを使った短くて美しいアルゴリズムです。

スケジューリングアルゴリズムでは、内部で優先度付きキューがよく使用されます。優先度付きキューは特殊なキューであり、挿入された時刻に基づいて次の要素を取り出すのでなく、**最も優先度の高い**要素を取り出します。個々の要素の優先度は、それらのキーに適用された順序に基づいて、キューによって決定されます。Python でのそれらの実装方法については、後ほど詳しく見ていきます。

ただし、通常のキューでは、キューに含まれている要素の順序が入れ替わることはありません。パイプの例と同様に、要素は追加したときと同じ順序で取り出されます。

Python にはいくつかのキュー実装が含まれており、それぞれ特性が少し異なります。これらの実装を詳しく見ていきましょう。

● list：ものすごく遅いキュー

通常の list をキューとして使用することは可能ですが、パフォーマンスの観点から言うと、理想的ではありません[38]。リストの先頭で要素を挿入または削除するには、その他すべての要素を 1 つずらす必要があり、それには $O(n)$ 時間がかかります。このため、リストをキューとして使用すると、かなり低速になってしまいます。

このような理由により、Python では、（扱っている要素の数がほんのわずかである場合を除いて）list を間に合わせのキューとして使用することはお勧めしません。

```
>>> q = []
>>> q.append('eat')
>>> q.append('sleep')
>>> q.append('code')
>>> q
['eat', 'sleep', 'code']

>>> q.pop(0)                # 注意：かなり低速
'eat'
```

---

[38] Python 公式ドキュメントの「Using Lists as Queues」を参照。
https://docs.python.org/3/tutorial/datastructures.html#using-lists-as-queues

● collections.deque：高速で堅牢なキュー

deque クラス[39] は、リストの両端での要素の追加と削除を $O(1)$ 時間（非償却）でサポートする両端キューを実装します。両端キューでは、先頭でも末尾でも要素の追加と削除が同じようにサポートされるため、キューとしてもスタックとしても使用できます。

Python の deque オブジェクトは二重リンクリストとして実装されます。このため、要素の挿入と削除に関しては一貫して高いパフォーマンスを発揮しますが、スタックの途中にある要素にランダムにアクセスする場合のパフォーマンスは低く、$O(n)$ 時間になります[40]。

結果として、Python の標準ライブラリでキューデータ構造を探しているとしたら、デフォルトの選択肢として適しているのは collections.deque です。

```
>>> from collections import deque
>>> q = deque()
>>> q.append('eat')
>>> q.append('sleep')
>>> q.append('code')
>>> q
deque(['eat', 'sleep', 'code'])

>>> q.popleft()
'eat'
>>> q.popleft()
'sleep'
>>> q.popleft()
'code'

>>> q.popleft()
…略…
IndexError: pop from an empty deque
```

● queue.Queue：並列計算のためのロックセマンティクス

Python の標準ライブラリに含まれているこのキュー実装は、複数のプロデューサとコンシューマを同時にサポートするために同期され、ロックセマンティクスを提供します[41]。

queue モジュールには、Queue の他にも、並列計算に役立つマルチプロデューサ／マル

---

[39] Python 公式ドキュメントの「collections.deque」を参照。
https://docs.python.org/3/library/collections.html#collections.deque
[40] https://github.com/python/cpython/blob/master/Modules/_collectionsmodule.c
[41] Python 公式ドキュメントの「queue.Queue」を参照。
https://docs.python.org/3/library/queue.html#queue.Queue

チコンシューマキューを実装するクラスが含まれています。

ロックセマンティクスが助けになるのか、それとも無駄なオーバーヘッドを発生させる
だけなのかは、ユースケースによります。この場合は、collections.deque を汎用キュー
として使用するほうがよいでしょう。

```
>>> from queue import Queue
>>> q = Queue()
>>> q.put('eat')
>>> q.put('sleep')
>>> q.put('code')
>>> q
<queue.Queue object at 0x1070f5b38>

>>> q.get()
'eat'
>>> q.get()
'sleep'
>>> q.get()
'code'

>>> q.get_nowait()
…略…
_queue.Empty

>>> q.get()
…ブロック状態となり、永遠に待機する…
```

● multiprocessing.Queue：共有ジョブキュー

この共有ジョブキュー実装では、複数の同時ワーカーにより、キューに格納されたアイ
テムの並行処理が可能になります[42]。CPython では、単一のインタープリタプロセスで
の並列実行を阻止するグローバルインタープリタロック（GIL）の問題により、プロセス
ベースの並列処理がよく使用されます。

multiprocessing.Queue は、複数のプロセス間でのデータ共有を目的とした特別な
キュー実装です。GIL の制限に対処するために、複数のプロセスに処理を分散させる便利
な手段となります。この種のキューでは、「pickle 対応」のあらゆるオブジェクトをプロ
セスの境界を越えて格納したり転送したりできます。

```
>>> from multiprocessing import Queue
```

---

[42] Python 公式ドキュメントの「multiprocessing.Queue」を参照。
https://docs.python.org/3/library/multiprocessing.html#multiprocessing.Queue

```
>>> q = Queue()
>>> q.put('eat')
>>> q.put('sleep')
>>> q.put('code')
>>> q
<multiprocessing.queues.Queue object at 0x1081c12b0>

>>> q.get()
'eat'
>>> q.get()
'sleep'
>>> q.get()
'code'

>>> q.get()
…ブロック状態となり，永遠に待機する…
```

● **ここがポイント**

- Python では、コア言語や標準ライブラリの一部としてさまざまなキュー実装が提供されている。

- `list` オブジェクトはキューとして使用できるが、かなり低速であるため、通常は推奨されない。

- 並列処理のサポートが必要でなければ、`collections.deque` の実装は Python で FIFO キューを実装するためのデフォルトの選択肢としてうってつけである。`deque` は正しいキュー実装に期待されるパフォーマンス特性を実現するほか、スタック（LIFO キュー）としても使用できる。

5.7 優先度付きキュー

　優先度付きキュー（priority queue）は、一連のアイテムを全順序キー（数値の**重みな**ど）[43] で管理するコンテナデータ構造であり、キューに含まれているアイテムのうち**最も小さい**キーや**最も大きい**キーを持つアイテムにすばやくアクセスできます。

　優先度付きキューについては、改良されたキューとして考えることができます。つまり、挿入された時刻に基づいて次の要素を取り出すのではなく、**最も優先度の高い**要素を取り出します。個々の要素の優先度は、それらのキーに適用された順序によって決まります。

---

[43] `https://en.wikipedia.org/wiki/Total_order`
`https://ja.wikipedia.org/wiki/全順序`

優先度付きキューは、たとえば緊急性の高いタスクを優先させるなど、スケジューリング問題に対処するためによく使用されます。

オペレーティングシステムのタスクスケジューラのジョブについて考えてみましょう。

> 理想的には、システムにおいて優先度の高いタスク（リアルタイムゲームの実行など）は優先度の低いタスク（バックグラウンドで更新プログラムをダウンロードするなど）よりも優先されるべきである。タスクスケジューラは、タスクの緊急度をキーとして使用し、保留中のタスクを優先度付きキューの中で整理することで、最も優先度の高いタスクをすばやく選択し、それらを最初に実行することができる。

ここでは、優先度付きキューを実装する方法をいくつか紹介します。これらの実装では、Python の組み込みのデータ構造か、標準ライブラリに含まれているデータ構造のみを使用します。それぞれの実装には長所と短所がありますが、筆者が思うに、一般的なシナリオのほとんどに圧倒的に適しているものがあります。それがどの実装なのか調べてみましょう。

● list：手動でソートするキュー

ソート済みリストを使用すれば、最も小さい要素や最も大きい要素をすばやく突き止めて削除することができます。欠点は、新しい要素をリストに挿入する操作が低速で、$O(n)$ 時間を要することです。

標準ライブラリに含まれている `bisect.insort`[44] を使用すれば、挿入ポイントを $O(\log n)$ 時間で見つけ出すことができますが、低速な挿入ステップが常にそのほとんどを占めています。

リストの末尾に要素を追加して並べ替えるという方法で順序を保つのにも、少なくとも $O(n \log n)$ 時間がかかります。それに加えて、新しい要素を挿入するときにリストの並べ替えを手動で行わなければならないという欠点もあります。このステップを省略すれば、バグが簡単に紛れ込みます。そのツケを支払わされるのは常に開発者であるあなたです。

このため、筆者の見立てでは、ソート済みリストが適しているのは挿入がほとんど発生しない優先度付きキューだけです。

```
>>> q = []
>>> q.append((2, 'code'))
>>> q.append((1, 'eat'))
>>> q.append((3, 'sleep'))

>>> # 注意：新しい要素が挿入されるたびに要素を並べ替えるか，
```

---

[44] Python 公式ドキュメントの「bisect.insort」を参照。
https://docs.python.org/3/library/bisect.html#bisect.insort

```
>>> #        bisect.insort() を忘れずに使用する必要がある
>>> q.sort(reverse=True)

>>> while q:
...     next_item = q.pop()
...     print(next_item)
...
(1, 'eat')
(2, 'code')
(3, 'sleep')
```

● heapq：リストベースのバイナリヒープ

heapq[45] は、通常は内部で標準の list を使用するバイナリヒープ実装であり、最も小さい要素の挿入と取り出しを $O(\log n)$ 時間でサポートします。

このモジュールは、Python で優先度付きキューを実装するのに適しています。厳密には、ミニヒープ実装を提供するだけなので、ソートの安定性を確保し、「実用的な」優先度付きキューに一般に期待されるその他の機能を提供するには、追加の作業が必要となります[46]。

```
>>> import heapq
>>> q = []
>>> heapq.heappush(q, (2, 'code'))
>>> heapq.heappush(q, (1, 'eat'))
>>> heapq.heappush(q, (3, 'sleep'))

>>> while q:
...     next_item = heapq.heappop(q)
...     print(next_item)
...
(1, 'eat')
(2, 'code')
(3, 'sleep')
```

---

[45] Python 公式ドキュメントの「heapq」を参照。
https://docs.python.org/3/library/heapq.html
[46] Python 公式ドキュメントの「Priority Queue Implementation Notes」を参照。
https://docs.python.org/3/library/heapq.html#priority-queue-implementation-not
es

● queue.PriorityQueue：美しい優先度付きキュー

この優先度付きキューの実装は、内部で heapq を使用し、heapq と同じ時間計算量と空間計算量を実現します[47]。

heapq との違いは、PriorityQueue が複数のプロデューサとコンシューマを同時にサポートするために同期され、ロックセマンティクスを提供することにあります。

ロックセマンティクスが助けになるのか、それともプログラムをスローダウンさせるだけなのかは、ユースケースによります。いずれにしても、heapq によって提供される関数ベースのインターフェイスよりも、PriorityQueue によって提供されるクラスベースのインターフェイスのほうが望ましいことがあります。

```
>>> from queue import PriorityQueue
>>> q = PriorityQueue()
>>> q.put((2, 'code'))
>>> q.put((1, 'eat'))
>>> q.put((3, 'sleep'))

>>> while not q.empty():
...     next_item = q.get()
...     print(next_item)
...
(1, 'eat')
(2, 'code')
(3, 'sleep')
```

● ここがポイント

- Python にはさまざまな優先度付きキューの実装が含まれており、その中からいずれかを選択できる。
- オブジェクト指向のインターフェイスと、その意図を明確に伝える名前が付いた queue.PriorityQueue は、圧倒的に望ましい選択肢である。
- queue.PriorityQueue のロックメカニズムのオーバーヘッドを回避したい場合は、heapq モジュールを直接使用するのもよい手である。

---

[47] Python 公式ドキュメントの「queue.PriorityQueue」を参照。
https://docs.python.org/3/library/queue.html#queue.PriorityQueue

## CHAPTER 6

ループとイテレーション

6.1 パイソニックなループの書き方

C スタイルの言語の経験があり、Python を始めたばかりの開発者を見分ける最も簡単な方法の 1 つは、ループの書き方を見ることです。

たとえば、次のようなコードを見るたびに、誰かが Python を C や Java と同じように書こうとしていることがわかります。

```python
my_items = ['a', 'b', 'c']

i = 0
while i < len(my_items):
    print(my_items[i])
    i += 1
```

このコードの何がそんなに「パイソニックじゃない」のでしょうか。それは次の 2 つの点です。

1 つ目は、インデックス i を明示的に管理していることです。つまり、0 に初期化した後、ループを繰り返すたびにわざわざ 1 を足しています。

2 つ目は、繰り返し（イテレーション）の回数を決めるために、len 関数を使って my_items の大きさを調べていることです。

Python では、これら 2 つの責務を自動的に行うループを記述できます。これを利用しない手はありません。たとえば、現在のインデックスを追跡するコードを書かずに済むとしたら、誤って無限ループを書いてしまう、ということもずっと少なくなります。また、コードがより簡潔になるため、読みやすくなります。

この最初のサンプルコードをリファクタリングするために、まず、インデックスを手動で更新するコードを取り除いてしまいましょう。Python では、代わりに for ループを使用するのがよさそうです。組み込み関数 range を使用すれば、インデックスを自動的に生成できます。

```
>>> range(len(my_items))
range(0, 3)

>>> list(range(0, 3))
[0, 1, 2]
```

　range 型はイミュータブルな数値シーケンスを表します。通常の list よりも有利な点は、常にメモリ消費量が少ないことです。range オブジェクトは数値シーケンスを表す個々の値を実際に格納するわけではなく、イテレータとして機能し、シーケンスの値を動的に計算します[1]。

　したがって、range 関数を利用すれば、ループを繰り返すたびに i に 1 を足す代わりに、次のように記述することができます。

```
for i in range(len(my_items)):
    print(my_items[i])
```

　ずっとよくなりましたが、まだそれほどパイソニックではなく、Python のループというよりも Java のイテレーション構造のように感じられます。コンテナの反復処理に range(len(...)) を使用するコードを見かけたら、通常は単純化と改善の余地があります。

　先に述べたように、Python の for ループは実際には for-each ループであり、コンテナやシーケンスに含まれているアイテムを（インデックスで参照しなくても）直接処理できます。このことを利用すれば、このループをさらに単純化できます。

```
for item in my_items:
    print(item)
```

　筆者の考えでは、この方法はかなりパイソニックです。Python の高度な機能がいくつか使用されていますが、コードはきれいなままであり、プログラミングの教科書に載っている擬似コードのようにすらすら読めます。このループがコンテナのサイズを追跡しなくなっていることと、要素にアクセスするためにインデックスを使用しないことに注目してください。

　この場合、次に処理する要素はコンテナ自体が取り出します。コンテナに順序がある場合、取り出される要素にも順序があります。コンテナに順序がない場合、要素は任意の順序で取り出されますが、ループは依然としてすべての要素を処理します。

　当然ながら、ループをいつでもこのように書き換えられるとは限りません。たとえば、

---

[1]　Python 2 では、range 関数が実際には list オブジェクトを生成するため、このメモリ消費を抑える振る舞いを手に入れるには、組み込みの xrange 関数を使用する必要がある。

アイテムのインデックスが実際に「必要」な場合はどうなるのでしょうか。

先ほど警告した range(len(...)) パターンを回避しながら、現在のインデックスを追跡するループを記述する方法があります。組み込み関数 enumerate は、そうした種類のループをパイソニックに記述するのに役立ちます。

```
>>> for i, item in enumerate(my_items):
...     print(f'{i}: {item}')
...
0: a
1: b
2: c
```

このように、Python のイテレータが複数の値を返せることがわかります。イテレータは任意の個数の値からなるタプルを返すことができ、それらを for 文の中で直接アンパックできます。

これは非常に強力な機能です。たとえば、同じ要領でディクショナリのキーと値を同時に処理できるようになります。

```
>>> emails = {
...     'Bob': 'bob@example.com',
...     'Alice': 'alice@example.com',
... }

>>> for name, email in emails.items():
...     print(f'{name} -> {email}')
...
Bob -> bob@example.com
Alice -> alice@example.com
```

見てもらいたい例がもう 1 つあります。C スタイルのループをどうしても書かなければならない場合はどうすればよいでしょうか。たとえば、インデックスのステップサイズ（刻み幅）を制御しなければならないとしましょう。次の Java ループから始めたと考えてみてください。

```
for (int i = a; i < n; i += s) {
    // ...
}
```

このパターンを Python に変換するにはどうすればよいでしょうか。ここでも range 関数が頼もしい存在となります。この関数には、ループの開始値（a）、終了値（b）、刻み幅（s）を制御するためのオプションパラメータがあります。このため、先の Java ループを

次のように書き換えることができます。

```
for i in range(a, n, s):
    # ...
```

● ここがポイント

- Python で C スタイルのループを記述するとパイソニックではないと見なされる。ループのインデックスと終了条件を手動で管理するのはできるだけ避けるべきである。
- Python の for ループは実際には for-each ループであり、コンテナやシーケンス内の要素を直接処理することができる。

6.2 内包を理解する

筆者が気に入っている Python の機能の 1 つはリスト内包です。最初は少し難解に思えるかもしれませんが、詳しく調べてみると、実際には非常にシンプルな構造であることがわかります。

リスト内包を理解する上で鍵となるのは次の点です。リスト内包はコレクションに対する単なる for ループですが、より簡明でコンパクトな構文で表現されます。

これは**糖衣構文**（syntactic sugar）とも呼ばれます。糖衣構文は、Python 開発者の作業を楽にするために作成された、よく使用される機能のショートカットです。例として、次のリスト内包を見てみましょう。

```
>>> squares = [x * x for x in range(10)]
```

このリスト内包は、0 から 9 までのすべての整数の平方数を計算します。

```
>>> squares
[0, 1, 4, 9, 16, 25, 36, 49, 64, 81]
```

通常の for ループを使って同じリストを作成するとしたら、おそらく次のようなコードを書くことになるでしょう。

```
>>> squares = []
>>> for x in range(10):
...     squares.append(x * x)
```

これはかなりわかりやすいループです。リスト内包の例に戻って、for ループバージョンと比較してみると、いくつかの共通点があることに気づきます。そして最終的には、あるパターンが浮かび上がってきます。ここで共通の構造を一般化すると、最終的には次のようなテンプレートになります。

```
values = [<式> for <アイテム> in <コレクション>]
```

この「リスト内包テンプレート」は、次の標準的な for ループに相当します。

```
values = []
for <アイテム> in <コレクション>
    values.append(<式>)
```

この場合は、まず、出力値を受け取るための新しい list インスタンス（出力リスト）を準備します。次に、コレクション内のすべてのアイテムをループで処理し、各アイテムを任意の式で変換した後、個々の結果を出力リストに追加します。

これは for ループをリスト内包に、あるいはリスト内包を for ループに変換するために適用できる「紋切り型」のパターンです。さて、このテンプレートに便利な機能をもう1つ追加する必要があります。それは**条件**による要素のフィルタリングです。

リスト内包では、任意の条件に基づいて値を絞り込むことができます。それらの条件は、結果として得られる値を出力リストに追加すべきかどうかを判定します。例を見てみましょう。

```
>>> even_squares = [x * x for x in range(10) if x % 2 == 0]
```

このリスト内包は、0 から 9 までのすべての「偶数」の 2 乗を計算します。ここで使用している**剰余演算子**（%）は、除算のあまりを返します。この例では、このあまりを使って数字が偶数かどうかをテストしています。そして、結果は期待どおりです。

```
>>> even_squares
[0, 4, 16, 36, 64]
```

最初の例と同様に、この新しいリスト内包も同等の for ループに変換できます。

```
even_squares = []
for x in range(10):
    if x % 2 == 0:
        even_squares.append(x * x)
```

この**リスト内包から for ループ**への変換パターンをもう少し一般化してみましょう。今回は、このテンプレートにフィルタリング条件を追加することで、どの値が出力リストに含まれるのかを決めることにします。新しいリスト内包テンプレートは次のようになります。

```
values = [<式> for <アイテム> in <コレクション> if <条件>]
```

このリスト内包も、次のパターンを使って for ループに変換できます。

```
values = []
for <アイテム> in <コレクション>:
    if <条件>:
        values.append(<式>)
```

この変換も単純明快で、更新された「紋切り型」パターンを適用しただけです。これで、リスト内包の仕組みに関する「謎」の一部が解けたことを願っています。リスト内包は便利なツールであり、Python プログラマ全員がその使い方を知っておくべきです。

最後にもう 1 つ。Python は**リスト**内包をサポートしているだけでなく、**セット**と**ディクショナリ**でも同じような糖衣構文をサポートしています。

セット内包は次のようになります。

```
>>> { x * x for x in range(-9, 10) }
{64, 1, 0, 36, 4, 9, 16, 81, 49, 25}
```

要素の順序が保たれるリストとは異なり、Python のセットは順序を持たないコレクション型です。このため、set コンテナにアイテムを追加すると、「ランダム」な順序になります。

次に、**ディクショナリ内包**を見てみましょう。

```
>>> { x: x * x for x in range(5) }
{0: 0, 1: 1, 2: 4, 3: 9, 4: 16}
```

どちらも実際に役立つツールです。ただし、Python の内包に関して注意点が 1 つあります。内包を使いこなすようになると、つい調子に乗って読みにくいコードを書くようになってしまいます。油断していると、とんでもないリスト内包、セット内包、ディクショナリ内包に対処するはめになります。「過ぎたるはなおおよばざるがごとし」です。

筆者はさんざん悔しい思いをしたあげく、内包を入れ子にするときは 1 レベルまで、と決めています。ほとんどの場合、それより先は for ループを使用したほうがよい（読みやすく、メンテナンスしやすい）ことがわかりました。

● ここがポイント

- 内包は Python の重要な機能である。内包を理解して適用すれば、コードがはるかにパイソニックになる。
- 内包は単純な for ループパターンに対するしゃれた糖衣構文にすぎない。このパターンを理解してしまえば、内包を直観的に理解できるようになる。
- 内包表記はリスト以外にも存在する。

6.3 リストのスライスとすし演算子

Python のリストオブジェクトには、**スライス**（slicing）と呼ばれるすばらしい機能があります。スライスについては、角かっこを使ったインデックス構文の拡張として考えてみるとよいでしょう。スライスは順序を持つコレクション内のある範囲の要素にアクセスするためによく使用されます。たとえば、大きなリストオブジェクトを複数の小さなサブリストに切り分けることができます。

例を見てみましょう。スライスはおなじみの [] インデックス構文を次の [start:stop:step] パターンで使用します。

```
>>> lst = [1, 2, 3, 4, 5]
>>> lst
[1, 2, 3, 4, 5]

>>> lst[1:3:1]                # lst[start:end:step]
[2, 3]
```

インデックス [1:3:1] を追加すると、元のリストのインデックス 1 から 2 までの範囲のスライスが 1 要素刻みで返されます。「off-by-one」エラーを避けるために、スライスの範囲には終了位置（end）が決して含まれないことに注意してください（最初の文字の左側がインデックス 0 になります）。スライス [1:3:1] のサブリストとして [2, 3] が返されたのはそのためです。

刻み幅を省略した場合は、デフォルトで 1 が使用されます。

```
>>> lst[1:3]
[2, 3]
```

この**ストライド**（stride）とも呼ばれる刻み幅パラメータを使って他にもおもしろいことができます。たとえば、元の要素が 1 つおきに含まれたサブリストを作成できます。

```
>>> lst[::2]
[1, 3, 5]
```

おもしろいですね。筆者はコロン（:）を**すし演算子**（sushi operator）と呼んでいます。半分に切った巻きずしのように見えるからです。コロンには、巻きずしを連想させ、リストの範囲にアクセスすること以外にも、あまり知られていない用途がいくつかあります。便利で楽しいリストスライスのトリックをいくつかお見せしましょう。

スライスの刻み幅を使ってリストの要素を1つおきに選択する方法を見てもらいましたが、他にもできることがあります。スライス [::-1] を指定すると、元のリストのコピーが返されますが、要素の順序は逆になります。

```
>>> lst[::-1]
[5, 4, 3, 2, 1]
```

Python に完全なリスト（::）を返すように要求していますが、刻み幅を-1 に設定すると、すべての要素を後ろから順に調べていくことになります。うまくできていますが、筆者はほとんどの場合、リストの反転にはやはり `list.reverse` メソッドと組み込みの `reversed` 関数を使用することにしています。

リストスライスのトリックをもう1つ見てみましょう。:演算子を使用すると、リストオブジェクト自体を削除することなく、リストからすべての要素を取り除くことができます。

このトリックは、リストを空にする必要があるものの、プログラムの他の部分でそのリストが参照されている、という場合に非常に役立ちます。このような場合、リストを空にするために新しいリストオブジェクトに置き換える、というわけにはいきません。この方法では他の参照が更新されないからです。そこで登場するのが、すし演算子です。

```
>>> lst = [1, 2, 3, 4, 5]
>>> del lst[:]
>>> lst
[]
```

このように、lst からすべての要素が削除されますが、リストオブジェクトはそのまま残ります。Python 3 では、`list.clear` メソッドでも同じ処理を行うことができ、状況によってはこちらのほうが読みやすいかもしれません。ただし、`clear` メソッドは Python 2 では利用できないので注意してください。

スライスを利用すれば、リストを空にできるだけでなく、（新しいリストオブジェクトを作成することなく）リストのすべての要素を置き換えることもできます。これはリストを

空にして要素を再び追加することに対する便利なショートカットです。

```
>>> lst = [1, 2, 3, 4, 5]
>>> original_lst = lst
>>> lst[:] = [7, 8, 9]
>>> lst
[7, 8, 9]
>>> original_lst
[7, 8, 9]
>>> original_lst is lst
True
```

　このサンプルコードは lst の要素をすべて置き換えましたが、リストそのものを削除して作り直すことはしていません。このため、元のリストオブジェクトへの参照は依然として有効です。

　すし演算子のもう1つの用途は、既存のリストの（浅い）コピーを作成することです。

```
>>> copied_lst = lst[:]
>>> copied_lst
[7, 8, 9]
>>> copied_lst is lst
False
```

　浅いコピーの作成は、要素の構造だけをコピーし、要素自体はコピーしないことを意味します。リストのコピーはどちらも個々の要素の同じインスタンスを共有します。

　要素を含め、何もかもコピーする必要がある場合は、リストの**深い**コピーを作成する必要があります。これには、Python の組み込みモジュール copy が役立つでしょう[2]。

● **ここがポイント**

- すし演算子:は、リストからサブリストを選択するのに役立つだけでなく、リストを空にしたり、要素の順序を逆にしたり、コピーしたりするのにも使用できる。
- ただし、注意が必要である。この機能は多くの Python 開発者にとって理解しがたいものだからだ。この機能を使用すると他のチームメンバーによるメンテナンスが難しくなるかもしれない。

---

[2]　浅いコピーと深いコピーについては、4.4 節を参照。

6.4　美しいイテレータ

　筆者は Python の構文が他の多くのプログラミング言語と比べて美しく、明確であるところが気に入っています。例として、何の変哲もない for-in ループを見てみましょう。パイソニックなループは英語の文章と同じように読むことができるという Python のよさがここに示されています。

```
numbers = [1, 2, 3]
for n in numbers:
    print(n)
```

　しかし、Python のエレガントなループ構造はどのような仕組みで動作するのでしょうか。ループで処理されているオブジェクトから個々の要素がどのように取り出されるのでしょうか。そして、自分の Python オブジェクトで同じプログラミングスタイルをサポートするにはどうすればよいのでしょう。

　これらの質問に対する答えは、Python の**イテレータプロトコル**（iterator protocol）で見つかります。ダンダーメソッド __iter__ と __next__ をサポートするオブジェクトは自動的に for-in ループに対応します。

　ですが、端折らずに順番に見ていきましょう。デコレータと同様に、最初の印象では、イテレータとそれらに関連する手法はかなり不可解なものに思えることがあります。そこで、徐々に慣らしていくことにします。

　ここでは、イテレータプロトコルをサポートする Python クラスをどのように記述すればよいかを示します。ここで紹介するのは「魔法でも何でもない」サンプルとテスト実装です。これらに基づいて実装を行うことで、理解を深めていくことができます。

　まず、Python 3 のイテレータの基本的なメカニズムに着目します。意味もなく複雑なものはすべて省略するため、イテレータの振る舞いを基本的なレベルで明確に理解できます。

　まず、これらの例を最初の for-in ループの質問に結び付けていきます。そして最後に、イテレータに関して Python 2 と Python 3 の間に存在するいくつかの相違点を取り上げます。

　準備はいいでしょうか。それでは始めましょう。

● 永遠にループするイテレータクラス

　まず、必要最小限のイテレータプロトコルを具体的に示すクラスから記述します。ここで使用する例は他のイテレータチュートリアルで見てきたものとは趣が異なるかもしれませんが、がんばってついてきてください。このようにするほうが、Python のイテレータの仕組みをより適切に理解できると筆者は考えています。

　ここで実装する Repeater というクラスは、for-in ループを使って次のように処理で

きます。

```
repeater = Repeater('Hello')
for item in repeater:
    print(item)
```

名前からもわかるように、この Repeater クラスのインスタンスはイテレーションのた
びに単一の値を返します。したがって、このサンプルコードは'Hello' という文字列をコ
ンソールに永遠に出力します。

実装から始めるために、まず Repeater クラスを定義し、肉付けしていきましょう。

```
class Repeater:
    def __init__(self, value):
        self.value = value

    def __iter__(self):
        return RepeaterIterator(self)
```

Repeater は、見た目はごく一般的な Python クラスです。しかし、ダンダーメソッ
ド__iter__が含まれている点に注目してください。

__iter__メソッドでは、RepeaterIterator というオブジェクトが作成され、返されて
います。このオブジェクトはいったい何でしょうか。RepeaterIterator も、for-in イ
テレーションサンプルを動作させるために定義しなければならないヘルパークラスです。

```
class RepeaterIterator:
    def __init__(self, source):
        self.source = source

    def __next__(self):
        return self.source.value
```

RepeaterIterator も単純な Python クラスに見えますが、次の 2 つの点に注意する必
要があります。

1　__init__メソッドで、各 RepeaterIterator インスタンスを作成元である Repeat
er オブジェクトにリンクしている。このようにすると、ループで処理される「ソー
スオブジェクト」を取っておくことができる。

2　__next__メソッドで、「ソースオブジェクト」である Repeater インスタンスにア
クセスし、このインスタンスに関連付けられている値を返している。

このサンプルコードでは、Python のイテレータプロトコルをサポートするために

Repeater と RepeaterIterator が**連携**しています。ここで定義した 2 つのダンダーメ
ソッド__iter__と__next__は、Python オブジェクトをイテラブルにする上で重要な役割を
果たします。

　ここまでのコードで実践的な実験をいくつか行った後、これら 2 つのメソッドと、それ
らがどのように連動するのかを詳しく見ていきます。

　これら 2 つのクラス定義により、Repeater オブジェクトが実際に for-in ループのイ
テレーションに対応するようになることを確認してみましょう。まず、文字列'Hello' を
永遠に返す Repeater のインスタンスを作成します。

```
>>> repeater = Repeater('Hello')
```

　次に、この Repeater オブジェクトを試しに for-in ループで処理してみましょう。次
のコードを実行するとどうなるでしょうか。

```
>>> for item in repeater:
...     print(item)
```

　そのとおり、'Hello' が画面上に出力されることがわかります。しかも大量に。Repeater
は同じ文字列値を返し続けるため、このループは永遠に終わりません。この小さなプログ
ラムはコンソールに'Hello' を永久に出力する運命にあります。

```
Hello
Hello
Hello
Hello
Hello
…略…
```

　とはいえ、実験はひとまず成功です。Python で実際に動くイテレータを記述し、for-in
ループで使用することができました。このループはまだ終了していないかもしれませんが、
今のところは、これでよしとしましょう。

　次に、ダンダーメソッド__iter__と__next__は Python オブジェクトをイテラブルにす
るためにどのように連動するのでしょうか。この点を理解するために、このサンプルプロ
グラムを詳しく見てみましょう。

Note 先の例を Python REPL セッションで、あるいはターミナルで実行していて、実行を中止したい場合は、［Ctrl］＋［C］キーを何度か押してみてください。無限ループから抜け出せるはずです。

● Python の for-in ループはどのような仕組みになっているか

この時点で、イテレータプロトコルをサポートすると思われる `Repeater` クラスを作成し、`for-in` ループを実行してそれを証明することができました。

```python
repeater = Repeater('Hello')
for item in repeater:
    print(item)
```

では、この `for-in` ループの内部は実際にどうなっているのでしょうか。新しい要素を取り出すために `repeater` オブジェクトとどのようにやり取りするのでしょうか。

この「謎」を解くために、このループを展開し、同じ結果をもたらすもう少し長いコードにしてみましょう。

```python
repeater = Repeater('Hello')
iterator = repeater.__iter__()
while True:
    item = iterator.__next__()
    print(item)
```

このように、`for-in` は単純な `while` ループの糖衣構文にすぎないことがわかります。

- まず、`repeater` オブジェクトの__iter__メソッドを呼び出してイテレーションの準備をしている。これにより、実際の**イテレータオブジェクト**が返される。
- その後、ループがイテレータオブジェクトの__next__メソッドを繰り返し呼び出すことで、このオブジェクトから値を取り出している。

データベースカーソルを扱ったことがあれば、このメンタルモデルになじみがあるはずです。つまり、最初にカーソルを初期化して、読み取りの準備を整えます。あとは、必要に応じてカーソルからデータを（1つずつ）ローカル変数に取り出すことができます。

複数の要素が同時に「転送」されることは決してないため、これは非常にメモリ効率のよいアプローチです。この `Repeater` クラスが提供するのは**無限**に続く要素であり、この無限の長さのシーケンスを問題なく処理できています。Python の `list` では、このようなことは不可能です。そもそも無限の個数の要素を持つリストを作成する方法がありませ

ん。そう考えると、イテレータが非常に強力な概念であることがわかります。

　もう少し抽象的な言い方をすると、イテレータが提供するのは共通のインターフェイスです。このインターフェイスを利用することで、コンテナのすべての要素を、コンテナの内部構造とは無関係に（完全に独立して）処理できるようになります。

　リスト、ディクショナリ、この Repeater クラスが提供するような無限シーケンス、あるいは別のシーケンス型のどれを扱っていたとしても、それは実装上の話にすぎません。イテレータの能力を利用すれば、これらのオブジェクトの1つ1つを同じ方法で調べることができます。

　ここまで見てきたように、Python の for-in ループは決して特別なものではありません。その内部を覗いてみると、正しいダンダーメソッドを正しいタイミングで呼び出しているだけであることがわかります。

　実際には、for-in ループが Python のインタープリタセッションでイテレータプロトコルを使用する仕組みを手動で「エミュレート」できます。

```
>>> repeater = Repeater('Hello')
>>> iterator = iter(repeater)
>>> next(iterator)
'Hello'
>>> next(iterator)
'Hello'
>>> next(iterator)
'Hello'
…略…
```

　結果は同じで、'Hello' が無限に出力されます。next 関数を呼び出すたびに、イテレータが同じあいさつ文を返します。

　ちなみに、ここでは__iter__と__next__の呼び出しを Python の組み込み関数 iter と next の呼び出しに置き換えています。

　これらの組み込み関数は、内部で同じダンダーメソッドを呼び出します。しかし、イテレータプロトコルへのインターフェイスとしてきれいな「ファサード」が提供されているため、コードの見た目がよくなり、コードが読みやすくなります。

　Python では、こうしたファサードが他の機能でも提供されています。たとえば、len(x) は x.__len__の呼び出しに対するショートカットです。同様に、iter(x) を呼び出すと x.__iter__が呼び出され、next(x) を呼び出すと x.__next__が呼び出されます。

　一般に、プロトコルを実装するダンダーメソッドに直接アクセスするよりも、組み込みのファサード関数を使用するほうがよいでしょう。そのようにすると、コードが少し読みやすくなります。

● もっとシンプルなイテレータクラス

ここまでのイテレータサンプルは、Repeater と RepeaterIterator の 2 つの独立した
クラスで構成されていました。これらのクラスは Python のイテレータプロトコルによっ
て使用される 2 つのフェーズに直接対応するものでした。

1 つ目のフェーズでは、iter 呼び出しを使ってイテレータオブジェクトを準備します。
2 つ目のフェーズでは、next 呼び出しを使ってイテレータオブジェクトから値を繰り返し
取り出します。

多くの場合は、これら 2 つの役割を 1 つのクラスに負わせることができます。このよう
にすると、クラスベースのイテレータを記述するのに必要なコードの量が少なくなります。

本節の最初の例では、この方法を選択しませんでした。というのも、イテレータプロト
コルのせっかくのメンタルモデルをだめにしたくなかったからです。しかし、クラスベー
スのイテレータを長く複雑な方法で記述する方法を見てきたので、次はここまでのコード
を単純化してみることにしましょう。

RepeaterIterator クラスが必要な理由を覚えているでしょうか。イテレータから新し
い値を取り出すための__next__メソッドを提供するには、このクラスが必要でした。しか
し、__next__メソッドが**どこで**定義されているかはあまり重要ではありません。イテレー
タプロトコルにおいて重要なのは、__next__メソッドが定義されている**任意**のオブジェク
トを__iter__メソッドが返すことだけです。

そこで考えがあります。RepeaterIterator は繰り返し同じ値を返すため、内部状態を
追跡する必要はありません。__next__メソッドを Repeater クラスに直接追加するとした
らどうなるでしょうか。

そのようにすれば、RepeaterIterator を完全になくしてしまい、1 つの Python クラ
スでイテラブルオブジェクトを実装できるのではないでしょうか。実際に試してみましょ
う。新しい単純化されたイテレータサンプルは次のようになります。

```python
class Repeater:
    def __init__(self, value):
        self.value = value

    def __iter__(self):
        return self

    def __next__(self):
        return self.value
```

2 つの別々のクラスと 10 行のコードを、たった 1 つのクラスと 7 行のコードに変える
ことができました。この単純化された実装は依然としてイテレータプロトコルを問題なく
サポートします。

```
>>> repeater = Repeater('Hello')
>>> for item in repeater:
...      print(item)
...
Hello
Hello
Hello
…略…
```

クラスベースのイテレータをこのように合理化すると、多くの場合は効果的です。実際、Pythonのイテレータに関するほとんどのチュートリアルは最初からこうなっています。しかし、イテレータを最初から1つのクラスで説明すると、イテレータプロトコルの基本原理が隠れてしまい、理解するのが難しくなる —— 筆者は常々そのように感じていました。

● 無限ループがほしいのは誰？

この時点で、Pythonのイテレータの仕組みがかなり理解できたのではないかと思います。ですが、ここまで実装してきたのは**永遠**にループするイテレータだけです。

当然ながら、無限の繰り返しはPythonのイテレータの主な用途ではありません。実際、本節の冒頭では、動機付けの例として次のコードを使用しました。

```
numbers = [1, 2, 3]
for n in numbers:
    print(n)
```

このコードが数字の1、2、3を出力した後に停止することを当然のごとく期待するはずです。そしておそらく、3が出力されっぱなしになってターミナルウィンドウに溢れかえり、慌てて［Ctrl］＋［C］キーを連打するはめになるとは思わないでしょう。

そこで、新しい値の生成を永遠に繰り返すのではなく、最終的に停止するイテレータの作成方法について考えてみましょう。要するに、Pythonオブジェクトを for-in ループで使用するときの通常の動作と同じです。

ここでは、BoundedRepeater という名前の新しいイテレータクラスを作成します。このクラスは Repeater クラスと似ていますが、あらかじめ定義された回数を繰り返した後に停止します。

このことについてちょっと考えてみましょう。これはどのように行うのでしょうか。ループで処理する要素が残っていないことをイテレータはどのようにして知らせるのでしょうか。「__next__ メソッドから None を返すだけでよいのでは」と考えたかもしれません。

そして、それは悪い考えではありませんが、問題があります。イテレータが None を有効な値として返すようにしたい場合はどうするのでしょうか。

この問題を解決するために Python の他のイテレータがどうしているのか見てみましょう。例として、単純なコンテナ（いくつかの要素が含まれたリスト）を作成し、要素がなくなるまで順番に処理したらどうなるか見てみましょう。

```
>>> my_list = [1, 2, 3]
>>> iterator = iter(my_list)
>>> next(iterator)
1
>>> next(iterator)
2
>>> next(iterator)
3
```

さて注目です。リストの3つの要素はすべて消費されました。このイテレータで再び next を呼び出したらどうなるでしょうか。

```
>>> next(iterator)
…略…
StopIteration
```

なるほど、StopIteration 例外を送出することで、イテレータの値がすべて使い果たされたことを知らせています。

そのとおり、イテレータは例外を使って制御フローを構造化します。Python のイテレータは、イテレーションの終わりを合図するために、単に組み込み例外 StopIteration を送出します。

イテレータにさらに値を要求し続けた場合、イテレータはそのつど StopIteration 例外を送出することで、処理する値がもう残っていないことを知らせます。

```
>>> next(iterator)
…略…
StopIteration
>>> next(iterator)
…略…
StopIteration
…略…
```

Python のイテレータは原則として「リセット」できません。イテレータの値を使い果たした後は、next が呼び出されるたびに StopIteration を送出することになっています。新たなイテレーションを開始するには、iter 関数を使って新しいイテレータオブジェクトを要求する必要があります。

これで、BoundedRepeater クラスを記述するために必要な情報がすべて揃ったようです。このクラスは、設定された回数に達したところでイテレーションを終了します。

```
class BoundedRepeater:
    def __init__(self, value, max_repeats):
        self.value = value
        self.max_repeats = max_repeats
        self.count = 0

    def __iter__(self):
        return self

    def __next__(self):
        if self.count >= self.max_repeats:
            raise StopIteration
        self.count += 1
        return self.value
```

結果は期待どおりです。max_repeats パラメータに指定された繰り返しの回数を超えると、イテレーションが終了します。

```
>>> repeater = BoundedRepeater('Hello', 3)
>>> for item in repeater:
...     print(item)
...
Hello
Hello
Hello
```

この最後の for-in ループを書き換えて、糖衣構文の一部を取り除いた場合、コードは次のように展開されます。

```
repeater = BoundedRepeater('Hello', 3)
iterator = iter(repeater)
while True:
    try:
        item = next(iterator)
    except StopIteration:
        break
    print(item)
```

このループで next 関数が呼び出されるたびに、StopIteration 例外をチェックし、必要に応じて while ループを終了することがわかります。

8 行の while ループの代わりに 3 行の for-in ループを記述できるのは非常に大きな改善です。このようにすると、読みやすく、メンテナンスしやすいコードになります。そし

て、これは Python のイテレータがかくも強力である理由の 1 つでもあります。

● Python 2.x との互換性

ここで示したサンプルコードはすべて Python 3 で記述されています。クラスベースの
イテレータの実装に関しては、Python 2 と Python 3 の間に小さいながら重要な違いがあ
ります。

- Python 3 では、イテレータから次の値を取り出すメソッドの名前は__next__で
  ある。
- Python 2 では、同じメソッドの名前は next（アンダースコアなし）である。

Python 2 と Python 3 の両方で動作しなければならないクラスベースのイテレータを記
述しようとしている場合、この名前の違いが問題に発展することがあります。心配はいり
ません。この違いに対処する単純な方法があります。

Repeater クラスを書き換えて Python 2 と Python 3 の両方で動作するようにした場合
は、次のようになります。

```python
class InfiniteRepeater(object):
    def __init__(self, value):
        self.value = value

    def __iter__(self):
        return self

    def __next__(self):
        return self.value

    # Python 2 互換
    def next(self):
        return self.__next__()
```

このイテレータクラスに Python 2 との互換性を持たせるために、小さな変更を 2 つ加
えました。

1 つは、next メソッドを追加したことです。このメソッドは、元の__next__メソッドを
呼び出し、その戻り値を返すだけです。これにより、実質的に既存の__next__実装のエイ
リアスが作成され、Python 2 によって検出されるようになります。このようにすると、実
際の実装上の詳細をすべて 1 か所にまとめたまま、Python 2 と Python 3 をサポートで
きるようになります。

もう 1 つは、Python 2 で**新しいスタイル**のクラスを作成するために、クラスの定義を書
き換えて object を継承させたことです。厳密には、イテレータとは関係ありませんが、

いずれにしてもよいプラクティスです。

● ここがポイント

- Python オブジェクトに対してシーケンスインターフェイスを提供するイテレータは、メモリ効率がよく、パイソニックと見なされる。for-in ループの美しさに注目しよう。

- オブジェクトのイテレーションをサポートするには、オブジェクトがダンダーメソッド__iter__と__next__を提供することにより、イテレータプロトコルを実装する必要がある。

- クラスベースのイテレータは、Python でイテラブルオブジェクトを記述する方法の 1 つにすぎない。ジェネレータとジェネレータ式も考慮すべきである。

6.5　ジェネレータは単純化されたイテレータ

前節では、少し時間をかけてクラスベースのイテレータを記述しました。教育的観点からすれば、これは悪い考えではありませんが、イテレータクラスを記述するにあたって定型コードがかなり要求されることもわかりました。率直に言って、「無精な」開発者である筆者は、単調な作業の繰り返しが苦手です。

とはいえ、イテレータは Python において非常に便利です。イテレータを利用すれば、きれいな for-in ループを記述できるようになるだけでなく、よりパイソニックで効率的なコードになります。そもそも、これらのイテレータをもっと簡単に書ける方法があればよかったのですが。

意外にも、それがあるのです。この場合も、イテレータを簡単に記述できる Python の糖衣構文があります。ここでは、**ジェネレータ**（generator）と yield キーワードを使って、イテレータをより少ないコードですばやく記述する方法を示します。

● 無限ジェネレータ

まず、イテレータの仕組みを説明するために使用した Repeater クラスをもう一度見てみましょう。Repeater は無限に続く値を返すクラスベースのイテレータを実装するものでした。このクラスの 2 つ目のバージョンは次のとおりです。

```python
class Repeater:
    def __init__(self, value):
        self.value = value

    def __iter__(self):
        return self
```

```
    def __next__(self):
        return self.value
```

「これほど単純なイテレータにしてはコードの量が多すぎる」と思っているとしたら、まったくそのとおりです。このクラスの一部はどのクラスベースのイテレータでもまったく同じように記述されるようであり、かなり定型的なものに思えます。

そこで登場するのが、Python の**ジェネレータ**（generator）です。このイテレータクラスをジェネレータとして書き換えると、次のようになります。

```
def repeater(value):
    while True:
        yield value
```

7 行のコードが 3 行になりました。悪くありませんね。このように、ジェネレータは通常の関数のように見えますが、return 文を使用する代わりに、yield を使ってデータを呼び出し元に返します。

この新しいジェネレータ実装は先のクラスベースのイテレータと同じように動作するでしょうか。for-in ループテストで確認してみましょう。

```
>>> for x in repeater('Hi'):
...     print(x)
...
Hi
Hi
Hi
Hi
Hi
…略…
```

そう、やはりあいさつ文を出力し続けています。このかなり短くなった**ジェネレータ**実装は、Repeater クラスと同じように動作するようです（インタープリタセッションで無限ループから抜け出したい場合は、［Ctrl］＋［C］キーを押してください）。

では、これらのジェネレータはどのような仕組みになっているのでしょうか。ジェネレータは通常の関数と同じに見えますが、それらの振る舞いはまったく異なっています。何よりもまず、ジェネレータ関数の呼び出しは関数を実行すらしません。**ジェネレータオブジェクト**を作成して返すだけです。

```
>>> repeater('Hey')
<generator object repeater at 0x107bcdbf8>
```

ジェネレータ関数のコードが実行されるのは、ジェネレータオブジェクトで next 関数が呼び出されたときだけです。

```
>>> generator_obj = repeater('Hey')
>>> next(generator_obj)
'Hey'
```

repeater 関数のコードをもう一度見てみると、yield キーワードがどうもこのジェネレータ関数を途中で停止し、あとから再開するように見えます。

```
def repeater(value):
    while True:
        yield value
```

そして、それはここで実際に起きていることのイメージとかなり一致しています。知ってのとおり、関数内で return 文が呼び出されると、制御が関数の呼び出し元に恒久的に戻ります。yield が呼び出されたときも、関数の呼び出し元に制御が戻りますが、それはあくまでも**一時的な**ものです。

return 文が関数のローカル状態を削除するのに対し、yield 文は関数を一時停止状態にし、そのローカル状態を保持します。どういうことかというと、ジェネレータ関数のローカル変数と実行状態は一時的に隠されるだけで、完全になくなるわけではありません。ジェネレータ関数の実行は、ジェネレータで next 関数を呼び出すことで、いつでも再開できます。

```
>>> iterator = repeater('Hi')
>>> next(iterator)
'Hi'
>>> next(iterator)
'Hi'
>>> next(iterator)
'Hi'
```

このため、ジェネレータにはイテレータプロトコルとの完全な互換性があります。このような理由により、筆者はジェネレータを主にイテレータを実装するための糖衣構文と考えています。

ほとんどの種類のイテレータについては、長ったらしいクラスベースのイテレータを定義するよりも、ジェネレータ関数を定義するほうが簡単で読みやすいことがわかるでしょう。

● 生成を停止するジェネレータ

本節でも、**無限**のジェネレータを記述することから始めました。そろそろ、値を無限に生成するジェネレータではなく、しばらくしたら値の生成をやめるジェネレータの作成方法が知りたくなる頃です。

クラスベースのイテレータでは、StopIteration 例外を明示的に送出することで、イテレーションの終わりを合図できたことを思い出してください。ジェネレータにはクラスベースのイテレータとの完全な互換性があるため、やはり内部の仕組みは同じです。

ありがたいことに、ここで操作するインターフェイスはもっとよくできています。yield文以外の方法で制御フローがジェネレータ関数から離れると、ジェネレータはすぐに値の生成を中止します。つまり、プログラマがわざわざ StopIteration を送出する必要はもうありません。

例を見てみましょう。

```
def repeat_three_times(value):
    yield value
    yield value
    yield value
```

このジェネレータ関数には、ループはまったく含まれていません。それどころか、このジェネレータはこれ以上ないほど単純で、yield 文が 3 つ含まれているだけです。yield文が関数の実行を一時的に停止して値を呼び出し元に返すとすれば、このジェネレータの終わりに差しかかったときに何が起きるのでしょうか。

```
>>> for x in repeat_three_times('Hey there'):
...     print(x)
...
Hey there
Hey there
Hey there
```

予想していたとおり、このジェネレータは新しい値の生成を 3 回繰り返したところで中止しています。そうなったのは、実行制御が関数の終わりに達した時点で、StopIteration例外が送出されたからだろうと推測できます。ですが念のために、別の実験でそれを確認してみましょう。

```
>>> iterator = repeat_three_times('Hey there')
>>> next(iterator)
'Hey there'
>>> next(iterator)
```

```
'Hey there'
>>> next(iterator)
'Hey there'
>>> next(iterator)
…略…
StopIteration
>>> next(iterator)
…略…
StopIteration
```

このイテレータの動作は期待どおりでした。ジェネレータ関数の終わりに達した時点で、それ以上値が提供されないことを示す StopIteration が繰り返し送出されるようになります。

前節の別の例も見てみましょう。BoundedIterator クラスは、指定された回数だけ値を繰り返すイテレータを実装していました。

```
class BoundedRepeater:
    def __init__(self, value, max_repeats):
        self.value = value
        self.max_repeats = max_repeats
        self.count = 0

    def __iter__(self):
        return self

    def __next__(self):
        if self.count >= self.max_repeats:
            raise StopIteration
        self.count += 1
        return self.value
```

この BoundedRepeater クラスをジェネレータ関数として実装し直すのはどうでしょうか。最初の実装は次のようになります。

```
def bounded_repeater(value, max_repeats):
    count = 0
    while True:
        if count >= max_repeats:
            return
        count += 1
        yield value
```

この関数の while ループは少し不格好ですが、わざとこうしてあります。ジェネレータから return 文を呼び出すと、イテレーションが StopIteration 例外で終了するようす

を確認できるようにしたかったからです。この後すぐに、このジェネレータを整えてもう少し単純化します。ですがその前に、このままの状態で試してみましょう。

```
>>> for x in bounded_repeater('Hi', 4):
...     print(x)
...
Hi
Hi
Hi
Hi
```

うまくいったようです。このジェネレータは値の生成を設定可能な回数だけ繰り返したところで終了しています。つまり、最終的に return 文に到達してイテレーションが終了するまで、yield 文を使って値を返しています。

約束したとおり、このジェネレータはさらに単純化することができます。この作業には、Python がすべての関数の最後に暗黙の return None 文を追加することを利用します。最終的な実装は次のようになります。

```
def bounded_repeater(value, max_repeats):
    for i in range(max_repeats):
        yield value
```

この単純化したジェネレータも同じように動作することをぜひ確認してみてください。全体的には、BoundedRepeater クラスの 12 行の実装が、まったく同じ機能を提供するジェネレータベースの 3 行の実装になりました。コードの行数で換算すると 75%もの削減です。悪くありませんね!

ここで示したように、ジェネレータはクラスベースのイテレータを記述するときに本来必要となる定型コードのほとんどを「取り除く」のに役立ちます。ジェネレータにより、プログラマの作業がはるかに楽になり、よりきれいで、短く、メンテナンスしやすいイテレータの記述が可能になります。ジェネレータ関数は Python のすばらしい機能です。あなたのプログラムでもどんどん利用してください。

● ここがポイント

- ジェネレータはイテレータプロトコルをサポートするオブジェクトを記述するための糖衣構文である。ジェネレータにより、クラスベースのイテレータを記述するときに必要となる定型コードのほとんどが取り除かれる。

- yield 文を利用すれば、ジェネレータ関数の実行を一時的に停止して値を返すことができる。

- yield 文以外の方法で制御フローがジェネレータ関数から離れると、ジェネレー

タが StopIteration 例外を繰り返し送出するようになる。

6.6　ジェネレータ式

　Python のイテレータプロトコルと、このプロトコルを自分のコードで実装するための
さまざまな方法がだんだんわかってきたところで気づいたのは、「糖衣構文」が繰り返し登
場するテーマであることでした。

　なぜなら、クラスベースのイテレータとジェネレータ関数は、同じデザインパターンに
対する 2 つの表現方法だからです。

　ジェネレータ関数は、各自のコードでイテレータプロトコルをサポートするためのショー
トカットです。クラスベースのイテレータの冗長さのほとんどは、ジェネレータ関数に
よって解消されます。ほんの少しだけ特殊な構文（**糖衣構文**）を用いることで、開発者の
時間が節約され、プログラミング作業が楽になります。

　これは Python や他のプログラミング言語において繰り返し登場するテーマです。プロ
グラムにデザインパターンを利用する開発者が増えれば増えるほど、言語作成者のほう
も、デザインパターンを抽象化し、実装上のショートカットを提供しようと気合が入るも
のです。

　プログラミング言語は長い年月をかけて、そのような方法で発展します。そして、私た
ち開発者はその恩恵にあずかります。構成要素の性能が高まれば高まるほど、時間を食う
だけの作業が減っていき、より多くのことをより短い時間で達成できるようになります。

　少し前に示したように、ジェネレータはクラスベースのイテレータを記述するための糖
衣構文を提供します。ここで取り上げる**ジェネレータ式**（generator expression）は、そ
の上にさらに糖衣構文の層を追加します。

　ジェネレータ式は、イテレータを記述するためのさらに効果的なショートカットを提供
します。リスト内包のようなシンプルでコンパクトな構文を使って、イテレータを 1 行の
コードで定義できます。

　例を見てみましょう。

```
iterator = ('Hello' for i in range(3))
```

　このジェネレータ式は、前節で記述した bounded_repeater ジェネレータ関数と同じ値
を繰り返し生成します。記憶をよみがえらせるために、このジェネレータ関数をもう一度
見てみましょう。

```
def bounded_repeater(value, max_repeats):
    for i in range(max_repeats):
        yield value

iterator = bounded_repeater('Hello', 3)
```

4行のジェネレータ関数か、それよりもずっと長いクラスベースのイテレータが必要だった処理が、たった1行のジェネレータ式で実行できるなんて、すごいことではないでしょうか。

ですが、先走りすぎたようです。ジェネレータ式で定義されたイテレータが実際に期待どおりに動作することを確認してみましょう。

```
>>> iterator = ('Hello' for i in range(3))
>>> for x in iterator:
...     print(x)
...
Hello
Hello
Hello
```

かなりよさそうです。見たところこの1行のジェネレータ式から、bounded_repeaterジェネレータ関数を使用したときと同じ結果が得られています。

ただし小さな注意点が1つあります。ジェネレータ式を消費できるのは1回だけであり、あとから再開したり再利用したりすることはできません。このため、状況によっては、ジェネレータ関数やクラスベースのイテレータを使用するほうが有利なことがあります。

● ジェネレータ式とリスト内包

もうピンと来ているようにジェネレータ式はリスト内包と何となく似ています。

```
>>> listcomp = ['Hello' for i in range(3)]
>>> genexpr = ('Hello' for i in range(3))
```

しかし、リスト内包とは異なり、ジェネレータ式はリストオブジェクトを構築しません。ジェネレータ式は代わりに、クラスベースのイテレータやジェネレータ関数と同じように、値を「ジャストインタイム」で生成します。

ジェネレータ式を変数に代入することによって得られるのは、イテラブルな「ジェネレータオブジェクト」だけです。

```
>>> listcomp
['Hello', 'Hello', 'Hello']
```

```
>>> genexpr
<generator object <genexpr> at 0x1036c3200>
```

　ジェネレータ式によって生成された値にアクセスするには、他のイテレータの場合と同じように、next 関数を呼び出す必要があります。

```
>>> next(genexpr)
'Hello'
>>> next(genexpr)
'Hello'
>>> next(genexpr)
'Hello'
>>> next(genexpr)
…略…
StopIteration
```

　あるいは、ジェネレータ式で list 関数を呼び出し、生成された値がすべて含まれたリストオブジェクトを構築することもできます。

```
>>> genexpr = ('Hello' for i in range(3))
>>> list(genexpr)
['Hello', 'Hello', 'Hello']
```

　もちろん、これはジェネレータ式を（ついでに言えば、他のイテレータも）リストに「変換」できる方法を示す単純な例にすぎません。リストオブジェクトがすぐに必要なら、通常は最初からリスト内包表記を使用するでしょう。

　この単純なジェネレータ式の構文構造を詳しく見てみましょう。そうすると、次のようなパターンが見えてくるはずです。

```
genexpr = (<式> for <アイテム> in <コレクション>)
```

　この「ジェネレータ式テンプレート」は、次のジェネレータ関数に相当します。

```
def generator():
    for <アイテム> in <コレクション>:
        yield <式>
```

　リスト内包と同様に、これはさまざまなジェネレータ関数をコンパクトな「ジェネレータ式」に変換するために適用できる「紋切り型」パターンです。

● 値のフィルタリング

このテンプレートには、便利な機能をもう 1 つ追加できます。それは条件による要素の
フィルタリングです。例を見てみましょう。

```
>>> even_squares = (x * x for x in range(10) if x % 2 == 0)
```

このジェネレータは、0 から 9 までのすべての偶数の平方数を返します。**剰余演算子**
(%) を使ったフィルタリング条件では、2 で割り切れない値がすべて拒否されます。

```
>>> for x in even_squares:
...     print(x)
...
0
4
16
36
64
```

先ほどのジェネレータ式テンプレートを更新してみましょう。if 条件による要素のフィ
ルタリングを追加した後のテンプレートは次のようになります。

```
genexpr = (<式> for <アイテム> in <コレクション> if <条件>)
```

このパターンも、比較的単純ではあるものの、もっと長いジェネレータ関数に相当しま
す。これぞまさに糖衣構文です。

```
def generator():
    for <アイテム> in <コレクション>:
        if <条件>:
            yield <式>
```

● インラインのジェネレータ式

ジェネレータ式は、その名のとおり「式」であるため、他の文に直接埋め込んで使用す
ることができます。たとえば、for ループでイテレータを定義し、すぐに使用することも
できます。

```
for x in ('Bom dia' for i in range(3)):
    print(x)
```

ジェネレータ式をさらに美しくするための構文上のトリックがもう 1 つあります。ジェ

ネレータ式を単一の引数として関数に渡す場合は、ジェネレータ式を囲んでいる丸かっこを省略できるのです。

```
>>> sum((x * 2 for x in range(10)))
90

# 上のコードは次のように記述できる
>>> sum(x * 2 for x in range(10))
90
```

このトリックを利用すれば、コンパクトで効率のよいコードを記述できます。ジェネレータ式はクラスベースのイテレータやジェネレータ関数と同じように値を「ジャストインタイム」で生成するため、非常にメモリ効率のよい機能です。

● いくらよいものでも度を越すと……

リスト内包と同様に、ここまで見てきたものよりもさらに複雑なジェネレータ式を定義することも可能です。入れ子の for ループと一連のフィルタリング句を利用すれば、より幅広いユースケースをカバーできます。

```
(<式> for x in xs if <条件 1>
      for y in ys if <条件 2>
      ...
      for z in zs if <条件 N>)
```

このパターンは、次に示すジェネレータ関数ロジックとして解釈されます。

```
for x in xs:
    if <条件 1>:
        for y in ys:
            if <条件 2>:
                ...
                    for z in zs:
                        if <条件 N>:
                            yield <式>
```

そして、ここで大きな注意点があります。

このように深く入れ子になったジェネレータ式は書かないようにしてください。長期的に見て、メンテナンスが非常に難しくなることがあります。

これは「薬も過ぎれば毒となる」ケースの1つであり、いくらシンプルで美しいツールでも、使い過ぎれば、理解したりデバッグしたりするのが難しいプログラムになってしまうことがあります。

リスト内包の場合と同様に、個人的には、ジェネレータ式を入れ子にするときは1レベ

ルまで、と決めています。

　ジェネレータ式は便利でパイソニックなツールですが、開発者が直面するありとあらゆる問題に使用すべきであるとは言えません。複雑なイテレータには、ジェネレータ関数か、クラスベースのイテレータを使用するほうがよい場合もよくあります。

　入れ子のジェネレータや複雑なフィルタリング条件を使用する必要がある場合は、通常はサブジェネレータに分解し（そうすれば名前を付けることができます）、それらをトップレベルで再び連結するほうがよいでしょう。その方法については、次節で説明します。

　どちらにするか迷っている場合は、さまざまな実装を試してみて、最も読みやすそうなものを選択してください。長い目で見れば、きっと時間の節約になるはずです。

● ここがポイント

- ジェネレータ式はリスト内包に似ているが、リストオブジェクトを構築しない。ジェネレータ式は代わりに、クラスベースのイテレータやジェネレータ関数と同じように値を「ジャストインタイム」で生成する。
- ジェネレータ式は一度使用したら再開したり再利用したりできなくなる。
- ジェネレータ式が最も適しているのは、単純な「アドホック」イテレータの実装である。複雑なイテレータには、ジェネレータ関数かクラスベースのイテレータを使用するほうがよいだろう。

6.7　　イテレータチェーン

　Python には、優れた機能がもう 1 つあります。複数のイテレータを数珠つなぎにすることで、非常に効率のよいデータ処理「パイプライン」を構築できるのです。PyCon での David Beazley による講演でこのパターンを初めて見たとき、筆者は衝撃を受けました。

　Python のジェネレータ関数とジェネレータ式を利用すると、簡潔で強力な**イテレータチェーン**が「瞬時」に構築されます。ここでは、この手法が実際にどのような外観をしているのか、そして各自のプログラムでどのように使用すればよいのかを示します。

　簡単に復習すると、ジェネレータとジェネレータ式は Python でイテレータを記述するための糖衣構文です。ジェネレータとジェネレータ式により、クラスベースのイテレータを記述するときに必要となる定型コードの大部分が取り除かれます。

　通常の関数の戻り値は 1 つだけですが、ジェネレータは一連の結果を生成します。ジェネレータはそのライフタイムにわたって値を絶え間なく生成する、と言ってもよいでしょう。

　たとえば、1 から 8 までの整数を生成する次のようなジェネレータを定義するとしましょう。このジェネレータは、動的なカウンタを管理し、next 関数が呼び出されるたび

に新しい値を生成します。

```
def integers():
    for i in range(1, 9):
        yield i
```

このジェネレータの振る舞いを確認するために、Python REPL で次のコードを実行します。

```
>>> chain = integers()
>>> list(chain)
[1, 2, 3, 4, 5, 6, 7, 8]
```

ここまでの部分は、それほどおもしろくありません。ですが、ここから事態が急変します。なぜなら、パイプラインのように機能する効率的なデータ処理アルゴリズムを構築するために、これらのジェネレータを互いに「連結」できるからです。

integers ジェネレータによって生成される「値のストリーム」は、別のジェネレータに入力として渡すことができます。たとえば、別のジェネレータから渡された数字を 2 乗した上で返すことができます。

```
def squared(seq):
    for i in seq:
        yield i * i
```

この「データパイプライン」または「ジェネレータチェーン」は次のようになります。

```
>>> chain = squared(integers())
>>> list(chain)
[1, 4, 9, 16, 25, 36, 49, 64]
```

そして、このパイプラインに新しい構成要素をさらに追加していくことができます。データの流れは一方向に限定され、処理ステップはそれぞれ明確に定義されたインターフェイスによって他の処理ステップから保護されます。

要するに、Unix のパイプラインの仕組みと同じです。一連のプロセスを連結し、各プロセスの出力をそのまま次のプロセスの入力として使用します。

このパイプラインに新しいステップを追加するのはどうでしょうか。このステップは、各値の符号を反転させた上で、チェーンの次の処理ステップに渡します。

```
def negated(seq):
    for i in seq:
```

```
yield -i
```

ジェネレータチェーンを組み直して最後に negated を追加すると、次のような出力が
得られます。

```
>>> chain = negated(squared(integers()))
>>> list(chain)
[-1, -4, -9, -16, -25, -36, -49, -64]
```

ジェネレータチェーンに関して筆者が気に入っているのは、データ処理が**一度に1つの
要素**で行われることです。ジェネレータチェーンの処理ステップの間にバッファ処理のよ
うなものはありません。

1 integers ジェネレータが値（3）を1つ生成する。

2 これにより、squared ジェネレータが「アクティブ化」され、この値を処理して
   $(3 \times 3 = 9)$、次のステップに渡す。

3 squared ジェネレータによって生成された平方数がそのまま negated ジェネレー
   タに入力として渡され、そこで -9 に変更された上で出力される。

この調子でジェネレータチェーンを拡張していけば、多くのステップからなる処理パイ
プラインを構築することができます。ジェネレータチェーンの各ステップは個々のジェネ
レータ関数であるため、依然として効率的であり、変更するのも簡単です。

この処理パイプラインの個々のジェネレータ関数はすでにかなりコンパクトです。ちょっ
と工夫すれば、読みやすさを大きく損なうことなく、このパイプラインの定義をさらに短
くすることもできます。

```
integers = range(1, 9)
squared = (i * i for i in integers)
negated = (-i for i in squared)
```

ジェネレータチェーンの各処理ステップを1つ前のステップの出力に基づく**ジェネレー
タ式**に置き換えていることに注目してください。このコードは先のジェネレータチェーン
に相当します。

```
>>> negated
<generator object <genexpr> at 0x1098bcb48>
>>> list(negated)
[-1, -4, -9, -16, -25, -36, -49, -64]
```

　ジェネレータ式を使用するときの唯一の欠点は、関数の引数を設定できないことと、同じジェネレータ式を同じ処理パイプラインで繰り返し再利用できないことです。

　ですがもちろん、このようなパイプラインを構築するときには、ジェネレータ式と通常のジェネレータを自由に組み合わせることができます。このようにすると、複雑なパイプラインが読みやすくなるでしょう。

● ここがポイント

- ジェネレータを連結すれば、非常に効率的でメンテナンスしやすいデータ処理パイプラインを作成できる。
- 連結されたジェネレータはチェーンを通過する各要素を1つずつ処理する。
- ジェネレータ式を利用すれば、パイプラインを簡潔に定義できるが、読みやすさに影響を与えることがある。

## CHAPTER 7

ディクショナリのトリック

7.1　ディクショナリのデフォルト値

　Python のディクショナリには、get メソッドがあります。このメソッドは指定された
キーを検索しますが、キーが存在しない場合はデフォルト値を返します。この機能はさまざ
まな状況で役立つ可能性があります。このことが何を意味するのかを示す単純な例として、
ユーザー ID をユーザー名にマッピングする次のようなデータ構造があるとしましょう。

```
name_for_userid = {
    382: 'Alice',
    950: 'Bob',
    590: 'Dilbert',
}
```

　このデータ構造を使って greeting という関数を定義したいとしましょう。この関数は、
ユーザーの ID に基づいてユーザーにあいさつ文を返します。最初の実装は次のようなも
のになるかもしれません。

```
def greeting(userid):
    return 'Hi %s!' % name_for_userid[userid]
```

　これは見るからにディクショナリのルックアップです。この最初の実装は、技術的には
うまくいきます。ただし、うまくいくのはユーザー ID が name_for_userid ディクショナ
リの有効なキーである場合だけです。greeting 関数に無効なユーザー ID を渡した場合
は例外が送出されます。

```
>>> greeting(382)
'Hi Alice!'

>>> greeting(33333333)
…略…
KeyError: 33333333
```

　KeyError はどう考えても私たちが望んでいた結果ではありません。ユーザー ID が見

つからない場合は、フォールバックとして一般的なあいさつ文を返すほうがはるかにましでしょう。

そこで、このアイデアを実装してみることにします。最初のアプローチでは、単純な **key in dict** 方式のメンバシップチェックを実行し、ユーザー ID が見つからない場合はデフォルトのあいさつ文を返すことにします。

```
def greeting(userid):
    if userid in name_for_userid:
        return 'Hi %s!' % name_for_userid[userid]
    else:
        return 'Hi there!'
```

この greeting 関数の実装を先のテストケースで試してみた場合、どれくらいうまくいくでしょうか。

```
>>> greeting(382)
'Hi Alice!'

>>> greeting(33333333)
'Hi there!'
```

ずっとよくなりました。これで、ユーザー ID が無効な場合は一般的なあいさつ文が返され、ユーザー ID が有効な場合は引き続きパーソナライズされたあいさつ文が返されるようになりました。

ただし、まだ改善の余地があります。この新しい実装は期待どおりの結果を返しますし、十分に小さくきれいにまとまっているように見えますが、まだ改善できる部分があります。現在のアプローチには、次のような問題があります。

- **効率が悪い**：ディクショナリが 2 回検索される。
- **冗長である**：たとえば、あいさつ文字列の一部が繰り返されている。
- **パイソニックではない**：Python の公式ドキュメントでは、こうした状況に対して EAFP（Easier to Ask for Forgiveness than Permission）コーディングスタイルが具体的に推奨されている。

この一般的な Python コーディングスタイルでは、有効なキーや属性が存在するものと仮定し、この仮定が誤っていた場合は例外をキャッチする。[1]

---

[1] https://docs.python.org/3/glossary.html

EAEP コーディングスタイルに準拠する実装では、メンバシップテストを明示的に行う代わりに、try...except ブロックを使って KeyError をキャッチすることになるでしょう。

```
def greeting(userid):
    try:
        return 'Hi %s!' % name_for_userid[userid]
    except KeyError:
        return 'Hi there'
```

この実装では、最初の要件は依然として有効であり、しかもディクショナリを 2 回検索する必要もなくなっています。

ただし、この実装にはまだ改善の余地があり、もっとスマートな解決策が見つかるはずです。Python のディクショナリには、フォールバック値として使用できる「デフォルト」パラメータをサポートする get メソッドがあります[2]。

```
def greeting(userid):
    return 'Hi %s!' % name_for_userid.get(userid, 'there')
```

get メソッドが呼び出されると、指定されたキーがディクショナリに存在するかどうかがチェックされます。キーが存在する場合は、そのキーに対する値が返されます。キーが存在しない場合は、代わりにデフォルトパラメータの値が返されます。次に示すように、この greeting 関数の実装も期待どおりに動作します。

```
>>> greeting(950)
'Hi Bob!'

>>> greeting(333333)
'Hi there!'
```

この greeting 関数の最終的な実装は簡素で、Python の標準ライブラリの機能だけを使用しています。したがって、このケースでは最善の解決策であると筆者は考えています。

● ここがポイント

- メンバシップテストを行うときには、明示的な **key in dict** チェックを行わないようにする。
- EAFP スタイルの例外処理か、組み込みの get メソッドを使用することが推奨される。

---

[2] Python 公式ドキュメントの「dict.get()」を参照。
https://docs.python.org/3/library/stdtypes.html#dict.get

- 場合によっては、標準ライブラリの `collections.defaultdict` クラスが助けになることがある。

7.2　趣味と実益を兼ねたディクショナリのソート

　Python のディクショナリにはそもそも順序がありません。ディクショナリのイテレーション自体は問題なく実行できますが、ディクショナリの要素が特定の順序で返されるという保証はありません（ただし、これは Python 3.6 で変更されています）。

　とはいえ、ディクショナリの要素を任意の順序で並べ替える上で、ディクショナリの**ソート済みの表現**を取得できると便利なことがよくあります。ディクショナリのソートは、キー、値、またはその他の派生プロパティ[3] に基づいて行われます。次のようなキーと値のペアからなる xs というディクショナリがあるとしましょう。

```
>>> xs = {'a': 4, 'c': 2, 'b': 3, 'd': 1}
```

　このディクショナリのキーと値のペアをソート済みリストに変換するには、ディクショナリの `items` メソッドを呼び出し、このメソッドから返されたシーケンスをソートします。

```
>>> sorted(xs.items())
[('a', 4), ('b', 3), ('c', 2), ('d', 1)]
```

　これらのキーと値のタプルが、シーケンスを比較するための Python の標準的な辞書式順序で並んでいることがわかります。

　Python で 2 つのタプルを比較すると、インデックス 0 にある 2 つのアイテムが最初に比較されます。それらのアイテムが異なる場合は、そこで比較の結果が決まります。それらのアイテムが等しい場合は、インデックス 1 にある次の 2 つのアイテムが比較される、といった具合になります。

　これらのタプルは 1 つのディクショナリから取り出されたものなので、各タプルのインデックス 0 にある元のディクショナリキーはどれも一意であり、よってタイブレークは 1 つも存在しません。

　辞書式順序がまさに望みどおりの順序かどうかは状況によります。場合によっては、ディクショナリを値に基づいてソートしたいこともあります。

---

[3]　**[訳注]**：ディクショナリのキーや値などのプロパティに関数を適用することによって計算されるプロパティ。

ありがたいことに、アイテムを並べ替える方法を完全に制御できる手立てがあります。sorted 関数にディクショナリアイテムの比較方法を変更する**キー関数**（key func）を渡すと、並べ替えを制御できるのです。

キー関数は通常の Python 関数であり、比較を行う前に各要素で呼び出されます。キー関数は、入力としてディクショナリアイテムを受け取り、ソートの順序を比較するための「キー」を返します。

残念なことに、ここでは「キー」という単語が 2 つのコンテキストで同時に使用されています。キー関数はディクショナリのキーを扱うわけではなく、各入力アイテムを任意の**比較キー**にマッピングするだけです。

そろそろ例を見たほうがよさそうです。実際のコードを見れば、キー関数をすんなり理解できるので安心してください。

ディクショナリのソート済み表現をその**値**に基づいて作成したいとしましょう。この作業には、次のキー関数を使用できるはずです。このキー関数は、タプルの 2 つ目の要素を調べて、キーと値のペアごとにその値を返します。

```
>>> sorted(xs.items(), key=lambda x: x[1])
[('d', 1), ('c', 2), ('b', 3), ('a', 4)]
```

キーと値のペアからなるリストが取り出され、元のディクショナリに格納されていた値に基づいてソートされることがわかるでしょうか。少し時間をかけて、キー関数の仕組みをしっかり頭に入れておいてください。キー関数は Python のあらゆるコンテキストに適用できる強力な概念です。

実際には、これは非常に一般的な概念なので、Python の標準ライブラリに operator というモジュールが含まれているほどです。このモジュールには、operator.itemgetter や operator.attrgetter など、最もよく使用されるキー関数がプラグ&プレイ型の構成要素として実装されています。

例として、上記のラムダベースのインデックスルックアップを operator.itemgetter に置き換えてみましょう。

```
>>> import operator
>>> sorted(xs.items(), key=operator.itemgetter(1))
[('d', 1), ('c', 2), ('b', 3), ('a', 4)]
```

operator モジュールを使用すると、状況によっては、コードの意図がより明確に伝わることがあります。一方で、単純なラムダ式のほうがより明示的で読みやすいこともあります。この例に限って言えば、筆者が実際に選択するのはラムダ式のほうです。

キー関数としてラムダを使用することには、ソートの順序をより厳密に制御できるという利点もあります。たとえば、ディクショナリに格納されている各値の絶対値に基づいてディクショナリをソートすることもできます。

```
>>> sorted(xs.items(), key=lambda x: abs(x[1]))
[('d', 1), ('c', 2), ('b', 3), ('a', 4)]
```

ソートの順序を逆にして値の降順で並べ替えたい場合は、sorted 関数を呼び出すときに reverse=True キーワード引数を指定します。

```
>>> sorted(xs.items(), key=lambda x: x[1], reverse=True)
[('a', 4), ('b', 3), ('c', 2), ('d', 1)]
```

すでに述べたように、Python のキー関数には、その仕組みをよく理解するために時間をかけるだけの価値が十分にあります。キー関数を使用するとプログラミングが非常に柔軟になり、データ構造を別のデータ構造に変換するためのコードを書かずに済むこともよくあります。

● ここがポイント

- ディクショナリや他のコレクションのソート済みの「ビュー」を作成する際には、キー関数を使ってソートの順序を制御できる。
- キー関数は Python の重要な概念であり、最もよく使用されているキー関数が標準ライブラリの operator モジュールに追加されているほどである。
- 関数は Python においてファーストクラスオブジェクトであり、目につかない場所がないほど強力な機能である。

7.3 ディクショナリを使って switch/case 文をエミュレートする

Python には switch/case 文がないため、暫定的な措置として長ったらしい if...elif...else 文を記述しなければならないことがあります。ここでは、ディクショナリとファーストクラス関数を使って switch/case 文をエミュレートする方法を紹介します。おもしろそうですね。さっそく始めましょう。

プログラムに次のような if 文が含まれているとしましょう。

```
>>> if cond == 'cond_a':
...     handle_a()
... elif cond == 'cond_b':
...     handle_b()
... else:
...     handle_default()
```

もちろん、条件式が3つだけなら、それほどひどくありません。しかし、この文のelif
分岐が10個以上もあるとしたらどうでしょうか。そうなると、話が少し違ってきます。
筆者が思うに、長ったらしいif文は**コードのにおい**（code smell）です。コードのにお
いはプログラムを読んだりメンテナンスしたりするのが難しくなる原因の1つです。

　if...elif...else文に対処する方法の1つは、switch/case文の振る舞いをエミュ
レートするディクショナリルックアップテーブルに置き換えることです。

　要するに、Pythonの関数が**ファーストクラスオブジェクト**であることを利用します。つ
まり、Pythonの関数は他の関数に引数として渡すことができ、他の関数から値として返
すことができ、変数に代入したりデータ構造に格納したりできます。

　たとえば、ある関数を定義し、あとからアクセスできるようにリストに格納しておくこ
とができます。

```
>>> def myfunc(a, b):
...     return a + b
...
>>> funcs = [myfunc]
>>> funcs[0]
<function myfunc at 0x107012230>
```

　この関数を呼び出すための構文は直観的に期待するものと同じです。リストにインデッ
クスを指定し、さらに関数を呼び出して引数を渡すための()呼び出し構文を使用します。

```
>>> funcs[0](2, 3)
5
```

　では、ファーストクラス関数を使って、数珠つなぎになったif文を短くするにはどう
すればよいでしょうか。ディクショナリを定義する、というのが基本的な考え方です。こ
のディクショナリは、入力条件のルックアップキーを、意図された演算を実行する関数に
マッピングします[4]。

4　**[訳注]**：handle_a関数とhandle_b関数が別途定義されている必要がある。

```
>>> func_dict = {
...     'cond_a': handle_a,
...     'cond_b': handle_b,
... }
```

if 文を使ってフィルタリングを行う代わりに、各条件をそのつどチェックすることで、ディクショナリキーのルックアップを通じてハンドラ関数を取得し、その関数を呼び出すことができます。

```
>>> cond = 'cond_a'
>>> func_dict[cond]()
```

少なくとも cond がディクショナリに含まれていれば、この実装でもそれなりにうまくいきます。cond がディクショナリに含まれていない場合は、KeyError になります。

では、元の else 分岐に相当する default ケースをサポートする方法を見てみましょう。運のよいことに、Python ではすべてのディクショナリに get メソッドがあります。このメソッドは指定されたキーに対する値を返しますが、キーが見つからない場合はデフォルト値を返します。ここで必要なのはまさにそれです。

```
>>> func_dict.get(cond, handle_default)()
```

最初はおかしな構文に見えるかもしれませんが、よく調べてみると、先の例とまったく同じように動作することがわかります。この場合も、Python のファーストクラス関数を使って、handle_default を get メソッドにフォールバック値として渡しています。このようにすると、その条件と一致するものがディクショナリに含まれていなかったとしても、KeyError が送出される代わりに、デフォルトのハンドラ関数が呼び出されるようになります。

次に、ディクショナリルックアップとファーストクラス関数を使って数珠つなぎの if 文を置き換えるためのもう少し完全な例を見てみましょう。次の例をひととおり確認すれば、特定の種類の if 文をディクショナリベースのディスパッチに変換するために必要なパターンが見えてくるはずです。

まず、数珠つなぎの if 文を使用する別の関数を定義し、続いて、その関数を変換します。この関数は、"add"や"mul"といった文字列のオペコードを受け取り、オペランド x と y で何らかの演算を行います。

```
def dispatch_if(operator, x, y):
```

```
    if operator == 'add':
        return x + y
    elif operator == 'sub':
        return x - y
    elif operator == 'mul':
        return x * y
    elif operator == 'div':
        return x / y
```

正直に言えば、これもトイプログラムの1つですが（コードが何ページも続いているのを見たらうんざりしそうなので）、ベースとなっているデザインパターンがよくわかるはずです。このパターンを理解すれば、あらゆる種類のシナリオに応用できるようになります。

試しに、この dispatch_if 関数で単純な計算をしてみましょう。この関数を呼び出し、文字列のオペコードと2つの数値オペランドを渡します。

```
>>> dispatch_if('mul', 2, 8)
16
>>> dispatch_if('unknown', 2, 8)
…何も出力されない…
```

'unknown' ケースがうまくいくことに注目してください。というのも、Python では、すべての関数の最後に暗黙の return None 文が追加されるからです。

ここまではよいでしょう。次に、この dispatch_if 関数を新しい関数に変換してみましょう。新しい関数では、ディクショナリを使ってオペコードをファーストクラス関数による算術演算にマッピングします。

```
def dispatch_dict(operator, x, y):
    return {
        'add': lambda: x + y,
        'sub': lambda: x - y,
        'mul': lambda: x * y,
        'div': lambda: x / y,
    }.get(operator, lambda: None)()
```

このディクショナリベースの実装は、元の dispatch_if 関数と同じ結果を返します。どちらの関数もまったく同じ方法で呼び出すことができます。

```
>>> dispatch_dict('mul', 2, 8)
16
>>> dispatch_dict('unknown', 2, 8)
…何も出力されない…
```

これが本物の「製品レベル」のコードであるとしたら、さらに改善できる点が2つあり

ます。

1 つ目は、`dispatch_dict` 関数を呼び出すたびに、一時ディクショナリが作成され、オペコードを検索するためのラムダがひととおり定義されることです。パフォーマンスの観点からすると、これは理想的ではありません。コードが高速でなければならない場合は、ディクショナリを定数として一度だけ作成し、関数の呼び出し時にそのディクショナリを参照するほうが合理的です。検索（ルックアップ）を行うたびにディクショナリを作り直すのは避けたいところです。

2 つ目は、`x + y` のようなごく単純な算術演算を本当に実行したいのであれば、この例のようにラムダ関数を使用するよりも、Python の組み込みの `operator` モジュールを使用するほうがよいことです。`operator` モジュールには、`operator.mul` や `operator.div` など、Python のすべての演算子の実装が含まれています。ただし、これはそれほど重大なことではありません。ここであえてラムダを使用したのは、この例をより汎用的なものにしたかったからです。このほうが、このパターンを他の状況に応用するのに役立つはずです。

これで、何かと扱いにくい数珠つなぎの `if` 文を単純にするためのツールがまた 1 つ増えました。なお、この手法がどのような状況でもうまくいくわけではないことを覚えておいてください。通常の `if` 文を使用するほうがよい場合もあります。

● **ここがポイント**

- Python には `switch/case` 文がないが、ディクショナリベースのディスパッチテーブルを使って長ったらしい `if` 文を回避できることがある。
- Python のファーストクラス関数が強力なツールであることが改めてわかったが、大いなる力には大いなる責任が伴う。

7.4　型破りなディクショナリ式

とても小さいのに意外と奥が深い、というサンプルコードに遭遇することがあります。じっくり向き合ってみると、たった 1 行のコードからプログラミング言語について多くのことがわかるのです。そうしたコードは禅の公案を思わせます。公案とは、禅問答を通じて修行者が悟りを開くための禅の修行に使用される問いや言行のことです。

ここで説明する小さなサンプルコードは、そうした例の 1 つです。最初に見たときには、単純明快なディクショナリ式のように見えるかもしれません。しかし、顔を近づけてよく見てみると、あなたの意識を拡大させる CPython インタープリタの旅に誘い込まれます。

筆者は、この小さな 1 行のスクリプトが何だかとても気に入ってしまい、ひと頃は会話

の糸口として Python カンファレンスのバッジに印刷していたほどです。このスクリプト
は Python ニュースレターの会員との実りあるやり取りのきっかけにもなっています。

　前置きはこれくらいにして、コードを見てみましょう。次のディクショナリ式と、この
式がどのように評価されるのかを少し時間をかけて考えてみてください。

```
>>> {True: 'yes', 1: 'no', 1.0: 'maybe'}
```

　準備はいいでしょうか。

　このディクショナリ式を CPython のインタープリタセッションで評価すると、次のよ
うな結果になります。

```
>>> {True: 'yes', 1: 'no', 1.0: 'maybe'}
{True: 'maybe'}
```

　筆者はこの結果を初めて見たときにすっかり驚いてしまいました。ですが、何が起きて
いるのかを少しずつ調べてみると、「なるほど、そういうことだったのか」と思うでしょ
う。では、なぜこのような（言うなれば**やや直観に反する**）結果になるのでしょうか。

　このディクショナリ式を処理する際、Python はまず、空のディクショナリオブジェク
トを新たに作成します。そして、ディクショナリ式に指定された順序でキーと値を割り当
てます。

　したがって、このディクショナリ式を分解すると、次の順序で実行される一連の文にな
ります。

```
>>> xs = dict()
>>> xs[True] = 'yes'
>>> xs[1] = 'no'
>>> xs[1.0] = 'maybe'
```

　奇妙なことに、この例で使用されているディクショナリキーはどれも Python によって
等しいと見なされます。

```
>>> True == 1 == 1.0
True
```

　それはいいとして、ちょっと待ってください。1.0 == 1 は直観的に受け入れられると
思いますが、なぜ True が 1 と等しいと見なされるのでしょうか。このディクショナリ式
を初めて見たとき、筆者は頭を抱えてしまいました。

Python のドキュメントを調べまくって、Python が `bool` を `int` のサブクラスとして扱うことを知りました。このことは Python 2 と Python 3 の両方に当てはまります。

> Boolean 型は整数型の派生型であり、Boolean 値はほぼすべてのコンテキストでそれぞれ 0 と 1 のような振る舞いをする。ただし、文字列に変換されるときは例外であり、それぞれ文字列の'False' または'True' が返される。[5]

そしてこのことはもちろん、**技術的**には、Python において `bool` をリストやタプルのインデックスとして使用できることを意味します。

```
>>> ['no', 'yes'][True]
'yes'
```

しかし、コードの明確さを保つために（そして同僚にとって精神衛生上よくないので）、Boolean 変数をそのように使用するのはやめておいたほうがよいでしょう。

それはさておき、そろそろディクショナリ式に戻りましょう。

Python に関する限り、True、1、1.0 はすべて**同じディクショナリキー**を表します。インタープリタはディクショナリ式を評価する際、True キーの値を繰り返し上書きします。最終的なディクショナリにキーが 1 つしか含まれていないのはそのためです。

先へ進む前に、元のディクショナリ式をもう一度見てみましょう。

```
>>> {True: 'yes', 1: 'no', 1.0: 'maybe'}
{True: 'maybe'}
```

この時点でキーが True のままなのはなぜでしょうか。代入を繰り返したので、キーも 1.0 に変化しているはずではないでしょうか。

CPython インタープリタのソースコードを調べたところ、キーオブジェクトに新しい値が関連付けられるときに、Python のディクショナリがキーオブジェクト自体を更新しないことが判明しました。

```
>>> ys = {1.0: 'no'}
>>> ys[True] = 'yes'
>>> ys
{1.0: 'yes'}
```

---

[5] Python 公式ドキュメントの「The standard type hierarchy」を参照。
https://docs.python.org/3/reference/datamodel.html#the-standard-type-hierarchy

もちろん、これについてはパフォーマンスの最適化として理解できます。それらのキーが同一と見なされるとしたら、元のキーを更新するためにわざわざ時間を割く必要があるでしょうか。

最後の例では、最初の True オブジェクトがキーとして置き換えられないことがわかりました。このため、ディクショナリの文字列表現では、キーは（1 や 1.0 ではなく）True として出力されるままです。

このことを踏まえると、最終的なディクショナリに含まれている値は、単に比較の結果が等しいという理由で上書きされるようです。ただし、__eq__による同等性の比較だけで、このような結果になるわけではありません。

Python のディクショナリは内部でハッシュテーブル構造を使用します。この驚くべきディクショナリ式を最初に見たとき、この振る舞いはハッシュ衝突と何か関係があるのだろうという予感がしました。

ハッシュテーブルの内部では、各キーのハッシュ値に応じてキーが異なる「バケット」に格納されます。ハッシュ値は、固定長の数値としてキーから算出され、キーを一意に識別します。

これにより、高速なルックアップ（検索）が可能になります。キーオブジェクトをそのまま他のすべてのキーと比較し、それらの同等性をチェックするよりも、ルックアップテーブルでキーのハッシュ値を検索するほうがはるかに高速です。

ただし、ハッシュ値の一般的な計算方法は完璧ではありません。いつかは、実際には異なる複数のキーに対して同じハッシュ値が生成され、ルックアップテーブルの同じバケットに格納されることになるでしょう。

2 つのキーが同じハッシュ値を持つ状況を**ハッシュ衝突**（hash collision）と呼びます。ハッシュ衝突は、ハッシュテーブルにおいて挿入や検索を行うアルゴリズムが対処しなければならない特殊なケースです。

となると、先のディクショナリ式の驚くべき結果にハッシュが何か関係している可能性は高そうです。そこで、キーのハッシュ値も何らかの役割を果たしているかどうかが気になります。さっそく調べてみましょう。

簡単な検知ツールとして、次のクラスを定義します。

```
class AlwaysEquals:
    def __eq__(self, other):
        return True

    def __hash__(self):
        return id(self)
```

このクラスには、次の 2 つの特徴があります。

まず、ダンダーメソッド__eq__は常に True を返すため、このクラスのインスタンスは
すべて他の**どの**オブジェクトとも等しいように見えます。

```
>>> AlwaysEquals() == AlwaysEquals()
True
>>> AlwaysEquals() == 42
True
>>> AlwaysEquals() == 'waaat?'
True
```

次に、AlwaysEquals インスタンスはそれぞれ一意なハッシュ値も返します。このハッ
シュ値は組み込みの id 関数によって生成されます。

```
>>> objects = [AlwaysEquals(), AlwaysEquals(), AlwaysEquals()]
>>> [hash(obj) for obj in objects]
[4574298968, 4574287912, 4574287072]
```

CPython の id 関数はメモリ内のオブジェクトのアドレスを返します。このアドレスは
一意であることが保証されています。

このクラスを利用すれば、他のどのオブジェクトとも等しいように見えるものの、一意
なハッシュ値が関連付けられたオブジェクトを作成することができます。このようにする
と、同等性の比較だけに基づいてディクショナリキーが上書きされているかどうかをテス
トできます。

そして、次の例に示されているキーは、比較の結果が常に「等しい」であるにもかかわ
らず、上書きされないことがわかります。

```
>>> {AlwaysEquals(): 'yes', AlwaysEquals(): 'no'}
{<__main__.AlwaysEquals object at 0x110a3c588>: 'yes',
 <__main__.AlwaysEquals object at 0x110a3cf98>: 'no'}
```

逆に考えて、同じハッシュ値が返されるようにするのはどうでしょうか。そうすれば、
キーが上書きされるかどうかを調べることができます。

```
class SameHash:
    def __hash__(self):
        return 1
```

この SameHash クラスのインスタンスどうしは等しいと見なされませんが、どのインス
タンスも同じハッシュ値（1）を共有します。

```
>>> a = SameHash()
>>> b = SameHash()
>>> a == b
False
>>> hash(a), hash(b)
(1, 1)
```

SameHash クラスのインスタンスをディクショナリキーとして使用しようとした場合に
Python のディクショナリがどのような反応を示すのか見てみましょう。

```
>>> {a: 'a', b: 'b'}
{<__main__.SameHash object at 0x7f7159020cb0>: 'a',
 <__main__.SameHash object at 0x7f7159020cf8>: 'b'}
```

この例が示すように、「キーが上書きされる」効果が引き起こされる原因は、ハッシュ値
の衝突だけではありません。

ディクショナリは、2つのキーが同じかどうかを判断するために、それらの同等性を調
べ、ハッシュ値を比較します。ここでの調査結果をまとめてみましょう。

ディクショナリ式 {True: 'yes', 1: 'no', 1.0: 'maybe'} が {True: 'maybe'}
と評価されるのは、キー True、1、1.0 を比較した結果がすべて「同等」であり、**かつ**そ
れらのハッシュ値がすべて同じであるためです。

```
>>> True == 1 == 1.0
True
>>> (hash(True), hash(1), hash(1.0))
(1, 1, 1)
```

このこと自体はもうそれほど意外ではないでしょう。このような経緯により、このディ
クショナリの最終状態は次のようになりました。

```
>>> {True: 'yes', 1: 'no', 1.0: 'maybe'}
{True: 'maybe'}
```

ここでは多くの話題に触れました。この Python トリックは、最初は少し難解に思える
かもしれません。最初に禅の公案になぞらえたのはそのためです。

本節の内容を理解するのが難しい場合は、Python インタープリタセッションでサンプ
ルコードを1つずつ試してみてください。Python の内部メカニズムに関する知識がきっ
と広がるはずです。

● **ここがポイント**

- ディクショナリは、キーを__eq__で比較した結果が等しく、それらのハッシュ値が同じである場合に、キーと同一のものとして扱う。
- 予期せぬディクショナリキーの衝突は驚くべき結果をもたらす可能性がある。そして、それは実際に起きる。

7.5　ディクショナリのいろいろなマージ法

　Pythonプログラムのための構成システムを構築したことがあるでしょうか。そうしたシステムでは、一般に、デフォルトの構成オプションを持つデータ構造が使用され、ユーザー入力や他の構成ソースからデフォルト値を選択的に上書きできるようになっています。

　筆者自身も、構成キーや構成値を表すデータ構造としてディクショナリを使用することがよくありました。そこでよく必要になったのは、構成のデフォルト値とユーザーによる上書きを組み合わせて、最終的な構成値を1つのディクショナリにまとめる（**マージ**する）手段でした。

　一般的に言い直すと、複数のディクショナリを1つにマージし、結果として得られるディクショナリにソースディクショナリのキーと値の組み合わせが含まれるようにする方法が必要になることがあります。

　ここでは、それを実現する方法をいくつか紹介します。話のきっかけとして、まず単純な例を見てみましょう。次に示す2つのソースディクショナリがあるとします。

```
>>> xs = {'a': 1, 'b': 2}
>>> ys = {'b': 3, 'c': 4}
```

　ここで、新しいディクショナリ zs を作成したいとしましょう。このディクショナリには、xs と ys のキーと値がすべて含まれています。また、コードをよく見てみると、xs と ys の両方に文字列'b' がキーとして含まれていることがわかります。このため、キーの重複によって引き起こされる衝突を解決する方法についても考える必要があります。

　「複数のディクショナリのマージ」問題に対する Python の典型的な解決策は、組み込みのディクショナリメソッド update を使用することです。

```
>>> zs = {}
>>> zs.update(xs)
>>> zs.update(ys)
```

ちなみに、update メソッドの安直な実装は次のようになるかもしれません。この実装では、右側のディクショナリをループで処理しながらそのキーと値のペアを左側のディクショナリに追加し、その際に既存のキーを上書きするだけです。

```python
def update(dict1, dict2):
    for key, value in dict2.items():
        dict1[key] = value
```

これにより、xs と ys で定義されたキーが含まれた新しいディクショナリ zs が作成されます。

```python
>>> zs
{'a': 1, 'b': 3, 'c': 4}
```

また、update メソッドを呼び出す順序によって衝突の解決方法が変わることもわかります。最後に行われた更新が優先され、重複しているキー'b' は ys（2 つ目のソースディクショナリ）の値 3 と関連付けられます。

もちろん、この update 呼び出しチェーンを必要に応じて拡張すれば、任意の個数のディクショナリをマージすることも可能です。これは実用的で読みやすいソリューションであり、Python 2 と Python 3 の両方でうまくいきます。

Python 2 と Python 3 では、組み込み関数 dict を、オブジェクトを「アンパック」する**演算子と組み合わせて使用するという方法もあります。

```python
>>> zs = dict(xs, **ys)
>>> zs
{'a': 1, 'b': 3, 'c': 4}
```

ただし、update メソッドを繰り返し呼び出す方法と同様に、この方法がうまくいくのは 2 つのディクショナリのマージだけであり、任意の個数のディクショナリを一度に結合するために一般化することはできません。

Python 3.5 以降は、**演算子がさらに柔軟になっています[6]。このため、Python 3.5 以降では、任意の個数のディクショナリをマージする方法がもう 1 つあります（そしてこちらのほうが断然きれいです）。

```python
>>> zs = {**xs, **ys}
```

---

[6] https://www.python.org/dev/peps/pep-0448/

この式の結果は update 呼び出しチェーンとまったく同じです。キーと値は左から順に設定されるため、衝突を解決する方法も同じです。右側が優先され、xs の既存の値が ys の同じキーに関連付けられている値によって上書きされます。マージ操作によって生成されたディクショナリを見れば、一目瞭然です。

```
>>> zs
{'a': 1, 'b': 3, 'c': 4}
```

個人的には、この新しい構文のそっけないまでの簡潔さと、それでいて十分に読みやすいという点が気に入っています。コードをできるだけ読みやすく、メンテナンスしやすい状態に保つべく、常に冗長さと簡潔さの絶妙なバランスが保たれています。

Python 3 を使用している場合、筆者は新しい構文を使用する傾向にあります。また、**演算子を使用することには、update 呼び出しチェーンを使用するよりも高速であるという利点もあります。

● ここがポイント

- Python 3.5 以降では、**演算子を使用することで、単一の式に基づいて複数のディクショナリオブジェクトをマージし、既存のキーを左から順番に上書きできる。
- Python の古いバージョンとの互換性を保つために、代わりに組み込みのディクショナリメソッド update を使用することもできる。

7.6　ディクショナリの出力を整える

プログラムのバグを追い詰めるために、デバッグ用の print 文をまき散らして実行の流れを追跡しようとしたことはあるでしょうか。あるいは、何らかの構成情報を出力するためにログメッセージを生成しなければならなかったことはあるでしょうか。

筆者にはその経験があります。そして、Python で何らかのデータ構造をテキスト文字列として出力しては、その読みにくさによく不満を抱いていました。たとえば、単純なディクショナリがあるとしましょう。インタープリタセッションで出力してみると、キーの順序はばらばらで、出力される文字列にはインデントが追加されていません。

```
>>> mapping = {'a': 23, 'b': 42, 'c': 0xc0ffee}
>>> str(mapping)
"{'a': 23, 'b': 42, 'c': 12648430}"
```

　ありがたいことに、結果を読みやすくするために標準の文字列変換の代わりに使用できる簡単な方法があります。1 つは、Python の組み込みモジュール json を使用することです。json.dumps 関数を使用すると、Python のディクショナリをより見やすい形式で出力できます[7]。

```
>>> import json
>>> json.dumps(mapping, indent=4, sort_keys=True)
{
    "a": 23,
    "b": 42,
    "c": 12648430
}
```

　これらの設定により、文字列表現がきれいにインデントされます。また、ディクショナリキーの順序も正規化され、読みやすくなります。

　この方法は読みやすく見た目もよいのですが、完璧な解決策ではありません。json モジュールを使ってディクショナリを出力する方法は、プリミティブ型を含んでいるディクショナリでしかうまくいきません。関数など、プリミティブ以外のデータ型を含んでいるディクショナリを出力しようとした場合は問題が発生します。

```
>>> json.dumps({all: 'yup'})
…略…
TypeError: keys must be str, int, float, bool or None,
not builtin_function_or_method
```

　json.dumps 関数を使用する方法には、セットなどの複雑なデータ型を JSON 文字列に変換できないという欠点もあります。

```
>>> mapping['d'] = {1, 2, 3}
>>> json.dumps(mapping)
…略…
TypeError: Object of type set is not JSON serializable
```

　また、Unicode テキストの表現方法で問題が起きることもあります。場合によっては、

---

[7]　**[訳注]**：環境によっては、改行文字（\n など）が出力される。その場合は、次のようにする必要があるかもしれない。

```
print(json.dumps(mapping, indent=4, sort_keys=True))
```

元のディクショナリオブジェクトを再現するには、json.dumps 関数の出力をコピーして
Python インタープリタセッションに貼り付けるしか方法がないこともあります。

　Python のオブジェクトの出力を整えるための標準的な解決策は、組み込みモジュール
pprint を使用することです。例を見てみましょう。

```
>>> import pprint
>>> pprint.pprint(mapping)
{'a': 23, 'b': 42, 'c': 12648430, 'd': {1, 2, 3}}
```

　pprint モジュールを使用する場合は、セットなどのデータ型も出力できます。また、
ディクショナリキーも再現可能な順序で出力されます。ディクショナリの標準的な文字列
表現と比べて、見た目もはるかによいことがわかります。

　ただし、json.dumps 関数と比べると、入れ子の構造があまり見やすくありません。こ
のことが吉と出るか凶と出るかは状況によります。筆者は読みやすさや体裁をよくするた
めにディクショナリの出力に json.dumps 関数を使用することがありますが、プリミティ
ブ以外の型が含まれていないことがわかっている場合だけにしています。

● ここがポイント

- Python でのディクショナリオブジェクトのデフォルトの文字列変換は読みにく
  いことがある。

- pprint モジュールと json モジュールは Python の標準ライブラリに組み込まれ
  ている「より忠実度の高い」選択肢である。

- json.dumps 関数を使用するときには、プリミティブ型以外のキーと値に注意す
  る必要がある。プリミティブ以外の型が含まれていると TypeError になる。

## CHAPTER 8

パイソニックな生産性向上テクニック

8.1 Python のモジュールとオブジェクトを調べる

モジュールやオブジェクトについては Python インタープリタから対話形式で直接調べることができます。他の言語から Python に乗り換える場合は特にそうですが、この機能は過小評価されており、見落とされがちです。

多くのプログラミング言語では、オンラインドキュメントを調べるか、インターフェイスの定義を丸暗記でもしない限り、パッケージやクラスを調べるのはそう簡単ではありません。

しかし、Python は違います。有能な開発者は、REPL セッションで Python インタープリタと対話形式でやり取りすることにかなりの時間を費やします。たとえば、筆者はよく、同じ方法でちょっとしたコードやロジックの予行演習を行い、その後 Python ファイルにコピー&ペーストし、普段使用しているエディタで編集しています。

本章では、Python のクラスやメソッドをインタープリタから対話形式で調べるための単純な手法を 2 つ紹介します。

これらの手法はどの Python 環境でもうまくいきます。コマンドラインで `python` コマンドを入力して Python インタープリタを起動し、作業を開始するだけです。たとえばターミナルセッションからネットワーク経由で作業を行うときのように、高機能なエディタや IDE を利用できない環境でのデバッグセッションに申し分ありません。

それではさっそく始めましょう。たとえば、Python の標準ライブラリに含まれている `datetime` モジュールを使用するプログラムを書いているとします。このモジュールがエクスポートする関数やクラスを調べるにはどうすればよいでしょうか。また、それらのクラスではどのようなメソッドや属性が定義されているでしょうか。

検索エンジンで調べたり、Web で公開されている Python の公式ドキュメントを調べたりするのも 1 つの手です。しかし、Python の組み込み関数 `dir` を利用すれば、Python の REPL からこの情報に直接アクセスできます。

```
>>> import datetime
>>> dir(datetime)
```

```
['MAXYEAR', 'MINYEAR', '__builtins__', '__cached__', '__doc__', '__file__',
 '__loader__', '__name__', '__package__', '__spec__', 'date', 'datetime',
 'datetime_CAPI', 'sys', 'time', 'timedelta', 'timezone', 'tzinfo']
```

この例では、標準ライブラリの datetime モジュールをインポートした後、dir 関数を使って調べています。モジュールで dir 関数を呼び出すと、そのモジュールが提供している名前と属性がアルファベット順に出力されます。

Python では「すべてのもの」がオブジェクトであるため、モジュールだけでなく、そのモジュールがエクスポートするクラスやデータ構造でも同じ手法を用いることができます。

実際には、興味のあるオブジェクトごとに dir 関数を呼び出すことで、そのモジュールをさらに詳しく調べることもできます。たとえば、datetime.date クラスを次のようにして調べることができます[1]。

```
>>> dir(datetime.date)
['__add__', '__class__', ..., 'day', 'fromisoformat','fromordinal',
 'fromtimestamp', 'isocalendar', 'isoformat', 'isoweekday', 'max', 'min',
 'month', 'replace', 'resolution', 'strftime', 'timetuple', 'today',
 'toordinal', 'weekday', 'year']
```

このように、dir 関数では、モジュールやクラスで利用できるものをすばやく確認できます。特定のクラスや関数の正確なスペルを覚えていない場合は、この要領で調べていけば、コーディングの流れが遮られることもないでしょう。

dir 関数をオブジェクトで呼び出したところ、返された情報が多すぎて手に負えない、ということもあります。複雑なモジュールやクラスでは、出力が長すぎてすぐに読めないことがあります。ですがちょっと工夫すれば、属性のリストを興味のあるものだけに絞り込むことができます。

```
>>> [_ for _ in dir(datetime) if 'date' in _.lower()]
['date', 'datetime', 'datetime_CAPI']
```

ここでは、リスト内包を使って dir(datetime) 呼び出しの結果をフィルタリングし、"date"という単語を含んでいる名前だけが残るようにしました。また、フィルタリング時に大文字と小文字が区別されないようにするために、それぞれの名前で lower メソッドを呼び出している点にも注目してください。

オブジェクトの属性からなるリストをそのまま取得しても、当面の問題を解決するのに

---

[1]   **[訳注]**：Python 3.8.2/3.8.1/3.8.0 では、'fromisocalendar' も出力される。

十分な情報であるとは限りません。では、datetime モジュールがエクスポートする関数やクラスに関してさらに情報を得るにはどうすればよいのでしょうか。

ここで救いの手を差し伸べるのが、Python の組み込み関数 help です。この関数を利用すれば、Python の対話形式のヘルプシステムを呼び出し、すべての Python オブジェクトに対して自動生成されるドキュメントを調べることができます。

```
>>> help(datetime)
```

このコードを Python のインタープリタセッションで実行すると、datetime モジュールに対するテキストベースのヘルプ画面がターミナルに表示されます。

```
Help on module datetime:

NAME
    datetime - Fast implementation of the datetime type.

MODULE REFERENCE
    https://docs.python.org/3.8/library/datetime
    ...

CLASSES
    builtins.object
        date
            datetime
        time
    ...
```

あとは、上下の矢印キーを使ってドキュメントをスクロールするか、[Space] キーを押して数行下にスクロールすることができます。この対話形式のヘルプモードから抜け出すには、[q] キーを押します。そうすると、インタープリタのプロンプトに戻ります。便利ですね。

ちなみに、help 関数は、他の組み込み関数やカスタム Python クラスを含め、任意の Python オブジェクトで呼び出すことができます。Python インタープリタは、オブジェクトの属性とその docstring（があれば）からこのドキュメントを自動生成します。help 関数の有効な使用法は次の 3 つです。

```
>>> help(datetime.date)
>>> help(datetime.date.fromtimestamp)
>>> help(dir)
```

もちろん、dir と help は、きれいにフォーマットされた HTML ドキュメントや高性能な検索エンジン、あるいは Stack Overflow での検索の代わりにはなりません。しかし、Python インタープリタから抜け出さずにすばやく調べものができるすばらしいツールです。これらの関数はオフラインでも利用でき、インターネットに接続されていない環境でも動作するため、いざというときに頼りになるでしょう。

● ここがポイント

- 組み込み関数 dir を利用すれば、インタープリタセッションから対話形式でPython のモジュールやクラスを調べることができる。
- 組み込み関数 help を利用すれば、インタープリタセッションから直接ドキュメントを調べることができる（［q］キーを押して終了する）。

8.2 仮想環境を使ってプロジェクトの依存関係を分離する

Python には、プログラムが依存しているモジュールを管理するための強力なパッケージシステムが含まれています。あなたもこのシステムを使ったことがあるはずです。pip パッケージマネージャーコマンドを実行してサードパーティのパッケージをインストールしたことはありませんか?

pip を使ったパッケージのインストールには、やっかいな点が 1 つあります。デフォルトでは、Python 環境への**グローバルインストール**を試みるのです。

当然の結果として、新たにインストールするパッケージはすべてシステム全体で利用できる状態になるため、便利と言えば便利です。しかし、複数のプロジェクトで作業していて、プロジェクトごとに**同じ**パッケージの**異なる**バージョンが必要な場合は、すぐに悪夢と化します。

たとえば、あるプロジェクトではライブラリのバージョン 1.3 が必要で、別のプロジェクトでは同じライブラリのバージョン 1.4 が必要であるとしたらどうなるでしょうか。

パッケージをグローバルインストールする場合は、どのプログラムでも、利用できるPython ライブラリのバージョンは **1 つだけ**です。このことは、『ハイランダー』さながらに、すぐにバージョンの衝突が起きることを意味します。

それだけならまだしも、そもそも Python の異なるバージョンを必要とする複数のプログラムがあるとしたらどうでしょうか。たとえば、Python 2 で動作するプログラムがいくつかある一方、最近の開発のほとんどは Python 3 で行われているかもしれません。あるいは、プロジェクトの 1 つが Python 3.3 を必要とするのに対し、それ以外のプロジェ

クトはすべて Python 3.6 で動作するとしたらどうなるでしょうか。

こうした問題に加えて、Python パッケージのグローバルインストールはセキュリティリスクを伴うこともあります。グローバル環境を変更するには、多くの場合、`pip install` コマンドをスーパーユーザー（`root`）の権限で実行する必要があるからです。新しいパッケージをインストールする際、`pip` はインターネットからダウンロードしたコードを実行します。このコードが信頼できるものであればよいのですが、実際に何を行うかはわかったものではありません。というわけで、グローバルインストールは一般に推奨されません。

● 救世主は仮想環境

これらの問題に対する解決策は、いわゆる**仮想環境**を使って Python 環境を切り離すことです。仮想環境を利用すれば、Python の依存パッケージをプロジェクトごとに分離できるようになり、さまざまなバージョンの Python インタープリタを選択できるようになります。

仮想環境とは、隔離された Python 環境のことです。物理的には、ネイティブコードライブラリやインタープリタランタイムなど、Python プロジェクトに必要なパッケージや他の依存ファイルがすべて含まれたフォルダ内に存在します（メモリを節約するために、そうしたファイルは実物ではなくシンボリックリンクのことがあります）。

仮想環境の仕組みを具体的に示すために、新しい環境をセットアップしてサードパーティのパッケージをインストールする手順をざっと見てみましょう（仮想環境は略して **virtualenv** と呼ばれます）。

まず、Python のグローバル環境が現在どこにあるのか調べてみましょう。Linux または macOS では、`which` コマンドラインツールを使って pip パッケージマネージャーのパスを調べることができます。

```
$ which pip3
/usr/local/bin/pip3
```

筆者は通常、仮想環境をプロジェクトフォルダに直接配置して、プロジェクトごとにきちんと分けるようにしています。ただし、「Python 環境」専用のディレクトリをどこかに作成し、すべてのプロジェクトの環境をそのディレクトリの下にまとめておくこともできます。どちらにするかはあなた次第です。

新しい Python 仮想環境を作成してみましょう。

```
$ python3 -m venv ./venv
```

この処理には少し時間がかかります。現在のディレクトリに新しい venv フォルダが作

成され、基本的な Python 3 環境として初期化されます。

```
$ ls venv/
bin            include      lib        pyvenv.cfg
```

pip の現在有効なバージョンを（which コマンドを使って）調べてみると、依然として
グローバル環境（この場合は/usr/local/bin/pip3）を指していることがわかります。

```
$ which pip3
/usr/local/bin/pip3
```

つまり、この状態でパッケージをインストールした場合、それらのパッケージはやはり
グローバル環境の一部になります。仮想環境フォルダを作成するだけでは、まだ十分では
ありません。新しい仮想環境を明示的に**アクティブ化**することで、それ以降 pip コマンド
を実行したときに仮想環境が参照されるようにする必要があります。

```
$ source ./venv/bin/activate
(venv) $
```

activate コマンドを実行すると、現在のシェルセッションが仮想環境の Python と pip
コマンドを使用するように設定されます[2]。

これにより、シェルプロンプトが変化し、有効な仮想環境の名前を丸かっこで囲んだもの
（(venv)）になることがわかります。現在有効な pip がどれであるか調べてみましょう。

```
(venv) $ which pip3
/Users/dan/my-project/venv/bin/pip3
```

このように、pip3 コマンドを実行すると、グローバル環境ではなく仮想環境の pip が
実行されることがわかります。Python インタープリタの実行可能プログラムにも同じこ
とが当てはまります。コマンドラインから python を実行すると、やはり venv フォルダ
からインタープリタが読み込まれます。

```
(venv) $ which python
/Users/dan/my-project/venv/bin/python
```

---

[2] Windows の activate コマンドは、source を使って読み込むのではなく、直接実行する必要が
ある。

　なお、この仮想環境は完全に空っぽのまっさらな Python 環境です。pip list を実行すると、インストールされているパッケージが一覧表示されますが、pip をサポートするのに必要な基本モジュールがインストールされているだけで、ほとんど何も含まれていないことがわかります[3]。

```
(venv) $ pip list
Package    Version
---------- -------
pip        20.0.2
setuptools 41.2.0
```

　さっそく仮想環境に Python パッケージをインストールしてみましょう。いつものように pip install コマンドを使用することができます。

```
(venv) $ pip install schedule
Collecting schedule
  Downloading https://...schedule-0.6.0-py2.py3-none-any.whl
Installing collected packages: schedule
Successfully installed schedule-0.6.0
```

　ここで2つの重要な変化に気づきます。1つは、このコマンドを実行するにあたって管理者のアクセス権限がもはや必要ではないことです。もう1つは、有効な仮想環境でパッケージをインストールまたは更新すると、すべてのファイルが仮想環境のディレクトリのサブフォルダに配置されることです。

　このため、プロジェクトの依存パッケージは、グローバル環境を含め、システム上のその他すべての Python 環境から物理的に切り離されます。事実上、1つのプロジェクト専用の Python ランタイムのコピーが得られます。

　pip list を再び実行すると、schedule ライブラリが新しい環境に正しくインストールされたことを確認できます。

```
(venv) $ pip list
Package    Version
---------- -------
pip        20.0.2
schedule   0.6.0
setuptools 41.2.0
```

---

[3]　**【訳注】**：pip install --upgrade pip を実行して仮想環境の pip を最新の状態にする必要があるかもしれない。

python コマンドを使って Python インタープリタセッションを開始するか、スタンドアロンの.py ファイルを実行すると、仮想環境にインストールされている Python インタープリタと依存パッケージが使用されます。ただし、この環境が現在のシェルセッションにおいてまだ有効であることが前提となります。

ところで、仮想環境を再び無効する（仮想環境から「抜け出す」）にはどうすればよいのでしょうか。activate コマンドと同様に、グローバル環境に戻るための deactivate コマンドがあります。

```
(venv) $ deactivate
$ which pip3
/usr/local/bin/pip3
```

仮想環境を使用すると、システムと Python の依存パッケージをきちんと整理された状態に保つのに役立ちます。ベストプラクティスとして、すべての Python プロジェクトで仮想環境を使用することで、それらの依存パッケージを切り離し、バージョンの衝突を回避してください。

また、仮想環境を理解し、使用するようになれば、requirements.txt ファイルを使ってプロジェクトの依存パッケージを指定するなど、より高度な依存関係管理の手法も検討するようになるでしょう。

さらなる生産性向上のヒントとして、このテーマをさらに調べてみたい場合は、筆者の「Managing Python Dependencies」講座[4] をチェックしてみてください。

● ここがポイント

- 仮想環境を利用すれば、プロジェクトの依存パッケージを分けておくことができる。仮想環境はパッケージや Python ランタイムのバージョンの衝突を回避するのに役立つ。

- ベストプラクティスとして、すべての Python プロジェクトで仮想環境を使用することで、それぞれの依存パッケージを切り離すべきである。このようにすれば、あとで痛い目を見ずに済む。

---

[4] https://dbader.org/products/managing-python-dependencies/

8.3 バイトコードの裏側を覗く

CPython インタープリタがプログラムを実行する際には、プログラムがまず一連のバイトコード命令に変換されます。バイトコードは Python 仮想マシン用の中間言語であり、パフォーマンスを最適化する目的で使用されます。人が読めるソースコードを直接実行するのではなく、コンパイラによる解析や意味解析の結果を表すコンパクトな数値コード、定数、参照が使用されます。

これにより、プログラムやその一部を繰り返し実行するための時間やメモリが節約されます。たとえば、このコンパイルステップによって生成されるバイトコードはディスク上の.pyc ファイルと.pyo ファイルに保存されるため、同じ Python ファイルの 2 回目の実行がより高速になります。

その一部始終はプログラマからはまったく見えません。このような中間変換ステップが実行されること —— つまり、Python 仮想マシンがバイトコードをどのように処理するのかをプログラマが知っている必要はないからです。実際には、バイトコードのフォーマットは実装上の詳細と見なされ、Python のバージョン間で一定している、あるいは互換性があるという保証はありません。

それでも、内部で何が行われているのかを確認したり、CPython インタープリタが提供する抽象化の裏側を覗いてみたりするのは非常に勉強になります。少なくとも内部の仕組みをある程度理解しておくと、より効率のよいコードを書くのに役立つことがあります。しかも、かなりおもしろいです。

Python のバイトコードをいじったり理解したりするためのテストサンプルとして、次に示す単純な greet 関数を使用することにします。

```
def greet(name):
    return 'Hello, ' + name + '!'
```

```
>>> greet('Guido')
'Hello, Guido!'
```

少し前に、CPython がソースコードを「実行」する前に中間言語に変換すると説明したことを覚えているでしょうか。それが事実だとすれば、このコンパイルステップの結果を確認できるはずです。そして、実際に確認できます。

Python 3 の各関数には、__code__属性があります。この属性を使って、greet 関数によって使用される仮想マシン命令、定数、変数を調べることができます。

```
>>> greet.__code__.co_code
```

```
b'd\x01|\x00\x17\x00d\x02\x17\x00S\x00'
>>> greet.__code__.co_consts
(None, 'Hello, ', '!')
>>> greet.__code__.co_varnames
('name',)
```

　greet 関数が組み立てるあいさつ文の一部が co_consts に含まれていることがわかります。定数とコードはメモリを節約するために別々に格納されます。定数は（その名のとおり）一定に保たれるため、決して変更できず、複数の場所で同じ意味で使用されます。

　したがって、Python は co_code 命令ストリームで実際の定数の値を繰り返すのではなく、各定数をルックアップテーブルに別々に格納します。そして、命令ストリームはルックアップテーブルのインデックスを使って定数を参照することができます。co_varnames フィールドに格納される変数にも同じことが当てはまります。

　全体的な考え方についてはだんだんわかってくるだろうと思います。しかし、co_code 命令ストリームを調べてみても、まだ釈然としない部分があります。この中間言語が人間ではなく Python 仮想マシンにとって扱いやすいように設計されていることは明らかです。結局のところ、人間にはテキストベースのソースコードがあります。

　CPython で作業している開発者もそのことに気づいていました。そこで彼らは、バイトコードをもっと調べやすくするために**逆アセンブラ**（disassembler）という別のツールを用意しました。

　Python のバイトコード逆アセンブラは、標準ライブラリの dis モジュールに含まれています。このモジュールをインポートして greet 関数で dis.dis 関数を呼び出すと、バイトコードがもう少し読みやすい形式で出力されます。

```
>>> import dis
>>> dis.dis(greet)
  2           0 LOAD_CONST               1 ('Hello, ')
              2 LOAD_FAST                0 (name)
              4 BINARY_ADD
              6 LOAD_CONST               2 ('!')
              8 BINARY_ADD
             10 RETURN_VALUE
```

　ここで重要なのは、逆アセンブルによって命令ストリームが分割され、各**オペコード**に LOAD_CONST のような人が読んで理解できる名前が割り当てられることです。

　また、定数や変数への参照がバイトコードの間に挟み込まれた状態で完全に出力されるため、co_const や co_varnames のテーブルルックアップに頭を使う必要もありません。

　人が読んで理解できるオペコードを調べてみると、CPython が greet 関数の 'Hello,

' + name + '!' 式をどのように表現して実行するのかが見えてきます。

まず、インデックス 1 にある定数（'Hello,'）を取り出し、**スタック**に配置します。次に、name 変数の内容を読み込み、それらも**スタック**に配置します。

スタックは仮想マシンの内部作業ストレージとして使用されるデータ構造です。仮想マシンにはさまざまな種類があり、そのうちの 1 つは**スタックマシン**（stack machine）と呼ばれるものです。CPython の仮想マシンは、そうしたスタックマシンの実装です。すべてにスタック絡みの名前が付いていることからも、このデータ構造が中心的な役割を果たすことがうかがえます。

なお、このテーマについては軽く触れる程度にとどめます。このテーマに関心がある場合は、本章の最後に紹介する文献を読んでみてください。仮想マシンの理論はとても勉強もなります（そして非常におもしろい理論です）。

抽象データ構造としての**スタック**の興味深い点は、**プッシュ**と**ポップ**という必要最小限の 2 つの演算だけをサポートすることです。**プッシュ**はスタックの先頭に値を追加し、**ポップ**はスタックの一番上の値を削除して返します。配列とは異なり、先頭よりも下の要素にアクセスする手段はありません。

このような単純なデータ構造にこれほど多くの用途があるなんて興味をそそられます。ですが、また本題からそれてしまったようです。

スタックが空の状態から始まるとしましょう。最初の 2 つのオペコードが実行された後の仮想マシンスタックの内容は次のようになります（0 は一番上の要素です）。

```
0: 'Guido' (contents of "name")
1: 'Hello, '
```

BINARY_ADD オペコードは、2 つの文字列値をスタックからポップし、それらをつなぎ合わせた上で、再びスタックにプッシュします。

```
0: 'Hello, Guido'
```

続いて、LOAD_CONST オペコードがもう 1 つあり、スタックに感嘆符文字列をプッシュします。

```
0: '!'
1: 'Hello, Guido'
```

次の BINARY_ADD オペコードは、2 つの文字列を再びつなぎ合わせて、最終的なあいさつ文を生成します。

```
0: 'Hello, Guido!'
```

　最後のバイトコード命令は RETURN_VALUE です。このオペコードは、現在スタックの一番上にあるのがこの関数の戻り値であり、呼び出し元に渡せる状態であることを仮想マシンに伝えます。

　以上が、greet 関数が CPython 仮想マシンによって内部で実行される仕組みです。よくできていると思いませんか。

　仮想マシンについては説明したいことがまだ山ほどありますが、それは本書のテーマではありません。ですが興味がある場合は、この魅力的なテーマに関する文献をぜひ読んでみてください。

　バイトコード言語を独自に定義し、実験用の簡単な仮想マシンを構築してみるのもおもしろそうです。このテーマについては、ぜひ Wilhelm、Seidl 共著『Compiler Design: Virtual Machines』を読んでみてください。

● ここがポイント

- CPython がプログラムを実行する際には、プログラムを中間バイトコードに変換した後、スタックベースの仮想マシンでそのバイトコードを実行する。
- 組み込みモジュール dis を利用すれば、内部で何が行われているのかを覗き見し、バイトコードを調べることができる。
- 仮想マシンを詳しく調べてみると勉強になる。

## CHAPTER 9

最後に

おめでとう、ここまで読んできたのは称賛に値します。ほとんどの人は、本を買っても結局読まなかったり、最初の章で挫折したりするのですから。

ですが、本書を読み終えた今、ここからが本当の勝負の始まりです。**読むのと実践する**のとでは大きな差があります。本書で学んだ新しいスキルやトリックを身にまとい、実際にそれらを使ってください。本書を過去に読んだプログラミング本と同じにはしないでください。

ここはきれいなジェネレータ式にして、そこは with 文をうまく使って、といったように、Python の高度な機能をコードに散りばめるようになったらどうなるでしょうか。

うまくやっていればすぐに、そしてよい意味で、同僚の注目を集めることになるでしょう。少し練習すれば、そうした Python の高度な機能を難なく適用できるようになります。そして、そうした機能が意味を持ち、コードの表現力を高めるのに役立つ場所でのみ、さりげなく利用できるようになるでしょう。

そして、しばらくすると、同僚がシンパシーを抱くようになります。同僚から質問されたら、惜しみなく助けてあげてください。まわりにいる人全員を引き込んで、あなたが知っていることを学ぶ手助けをしてください。数週間ほどしたら、「きれいな Python の書き方」についてちょっとしたプレゼンテーションを行ってもよいでしょう。その際には、本書の例を遠慮なく使用してください。

Python 開発者として**よい仕事をする**ことと、周囲から**よい仕事をしていると見られる**ことは同じではありません。顔を出すことをおそれないでください。あなたのスキルや新しく得た知識を周囲の人々と共有すれば、あなた自身のキャリアにとって大きなプラスになるでしょう。

筆者自身も自分のキャリアやプロジェクトに同じ姿勢でのぞんでいます。そして、本書や Python の他の教材を改善する方法を常に模索しています。本書の間違いを見つけたり、質問があったり、建設的な意見を交換したりしたい場合は、ぜひ筆者までメール[1] を送ってください。

Python を楽しみましょう！

—Dan Bader

---

[1] mail@dbader.org

追伸。dbader.org や筆者の YouTube チャンネルにアクセスして、ぜひ Web 上で Python の旅を続けてください。

9.1 Python 開発者のためのメールマガジン

Python での開発の生産性を向上させ、ワークフローを効率化するためのヒントを探している方によい知らせがあります。筆者はあなたのような Python 開発者に向けて無料のメールマガジンを毎週配信しています。

筆者が配信しているメールマガジンは、よくある「一般向けの記事をリストアップした」類いのものではありません。筆者が目指しているのは、少なくとも週に 1 回は独創的な考えを（短い）エッセーとして共有することです。

このメールマガジンがどのようなものかちょっと読んでみたい場合は、登録フォーム[2] にメールアドレスを入力してください。あなたに会えるのを楽しみにしています。

9.2 PythonistaCafe：Python 開発者のコミュニティ

Python をマスターするのに必要なのは、勉強するための本を手に入れたり、講座を受講したりすることだけではありません。このミッションを成功させるには、モチベーションを保ち続け、長い目で見てあなたの能力を伸ばす方法も必要です。

知り合いの Python 開発者の多くは、このことに苦労しています。たった 1 人で Python の技を磨くなんて、ちっとも楽しくありません。

あなたが独学の開発者で、技術系以外の仕事に就いているとしたら、独力でのスキルアップはそう簡単ではありません。また、プライベートの仲間内に開発者が 1 人もいないとしたら、よい開発者になろうとして奮闘しているあなたを励ましたり応援したりしてくれる人はいないかもしれません。

すでに開発者として働いていたとしても、Python に対する愛情を分かち合える人が社内に 1 人もいないかもしれません。学習の進み具合を誰とも共有できなかったり、行き詰まっているときにアドバイスを求める相手がいなかったりするのは悔しいものです。

個人的な経験から知っているのは、既存のオンラインコミュニティやソーシャルメディアもそうした支援ネットワークを提供するのにあまり向いていないことです。次に、最も効果的な手段をいくつか紹介しますが、やはり不十分な点が多々あります。

---

[2] https://dbader.org/newsletter

- **Stack Overflow**

  テーマを絞った 1 回限りの質問をする場所。このプラットフォーム上で他のコメント投稿者（コメンター）と人間関係を築くのは容易ではありません。重要なのは事実であり、人ではありません。たとえば、投稿者の質問、回答、コメントはモデレータが自由に編集できます。どちらからというと、フォーラムというよりもWiki に近いものです。

- **Twitter**

  バーチャル井戸端会議。「たむろする」のにうってつけですが、一度に入力できる文字数は 140 文字に制限されており[3]、本格的な議論には向いていません。また、絶えずつながっていないと会話のほとんどを見逃してしまいます。そして絶えずつながっていると、ひっきりなしに邪魔されたり通知が届いたりして生産性が低下することになります。Slack のチャットグループにも同じ欠点があります。

- **Hacker News**

  技術系のニュースについて議論したり解説したりすることを目的としたソーシャルニュースサイト。コメンターどうしが長期的な関係を築くことはありません。Hacker News は現在最も活動的な技術系コミュニティの 1 つでもあり、モデレーションがほとんど行われず、ボーダーラインすれすれの悪しき文化があります。

- **Reddit**

  英語圏最大級のソーシャルブックマークサイト／掲示板。Stack Overflow の 1 回限りの Q&A 形式よりも「人間らしい」議論を奨励する、より柔軟なスタンスを取っています。とはいえ、数百万人ものユーザーがいる巨大なパブリックフォーラムであり、有害な振る舞いから威圧的な後ろ向きの考え、激しい批判の応酬、妬みまで、そうしたサイトにつきもののあらゆる問題を抱えています。要するに、人間のあらゆる行動の「見本市」のようなものです。

　最終的に気づいたのは、これだけ多くの開発者が前に踏み出せずにいるのは、グローバルな Python コーディングコミュニティに接する機会が限られているからだ、ということでした。そこで筆者は PythonistaCafe を設立しました。PythonistaCafe は、Python 開発者が仲間どうしで学習するためのコミュニティです。

PythonistaCafe については、Python ファンが切磋琢磨するためのクラブであると考えてみてください。

PythonistaCafe では、自らの経験を共有する世界中のプロの開発者や愛好家と安全な環境で交流することで、彼らから学び、同じ誤りを繰り返さないようにすることができます。

何を質問するのも自由であり、その内容は決して公開されません。コメントを読んだり書いたりするにはアクティブメンバーでなければなりません。また、有料コミュニティであるため、荒らし行為や攻撃的な行動はほとんど起きません。

PythonistaCafe への入会は招待制となっているため、このコミュニティで出会う人々は Python のスキルを向上させることに前向きに取り組んでいます。入会希望者には、このコミュニティにふさわしい人物であることを確認するための申請書の提出が求められます。

要するに、あなたのことを理解し、あなたが身につけようとしているスキル、築こうとしているキャリア、達成しようとしている目標を理解するコミュニティの一員になるのです。Python のスキルを向上させようとしていて、必要な支援システムがまだ見つかっていない場合は、ぜひ PythonistaCafe に入会してください。

PythonistaCafe は非公開のフォーラムプラットフォームをベースとしており、質問を投稿し、回答を受け取り、進捗を共有することができます。さまざまな習熟度のメンバーが世界中から集まっています。

PythonistaCafe について詳しく知りたい、あるいは PythonistaCafe の価値や、Pythonista Cafe がどのようなものであるかが知りたい場合は、ぜひ PythonistaCafe[4] にアクセスしてください。

---

[4] https://www.pythonistacafe.com/

索 引

226

装丁　山口了児（zuniga）

Pythonトリック
ぱ い そ ん

2020年04月15日　初版第1刷発行

著　者　Dan Bader（ダン・バダー）
監　訳　株式会社クイープ
発行人　佐々木幹夫
発行所　株式会社翔泳社（https://www.shoeisha.co.jp/）
印刷・製本　株式会社加藤文明社印刷所

本書は著作権法上の保護を受けています。本書の一部または全部について（ソフトウェアおよびプログラムを含む）、株式会社翔泳社から文書による許諾を得ずに、いかなる方法においても無断で複写、複製することは禁じられています。

本書へのお問い合わせについては、ii ページに記載の内容をお読みください。

落丁・乱丁はお取り替え致します。03-5362-3705 までご連絡ください。

ISBN978-4-7981-5767-2　　　　　　　　　　　　Printed in Japan